厌氧-准好氧生物反应器填埋场处理农村生活垃圾技术

李 红 ◎ 著

西南交通大学出版社
·成都·

图书在版编目（CIP）数据

厌氧-准好氧生物反应器填埋场处理农村生活垃圾技术 / 李红著. -- 成都：西南交通大学出版社，2024.9. -- ISBN 978-7-5774-0076-1

Ⅰ．X799.305

中国国家版本馆 CIP 数据核字第 2024BP4690 号

Yanyang – Zhunhaoyang Shengwu Fanyingqi Tianmaichang Chuli Nongcun Shenghuo Laji Jishu

厌氧-准好氧生物反应器填埋场处理农村生活垃圾技术

李　红 / 著

策划编辑 / 孟　嫒
责任编辑 / 赵永铭
封面设计 / 墨创文化

西南交通大学出版社出版发行
（四川省成都市金牛区二环路北一段 111 号西南交通大学创新大厦 21 楼　610031）
营销部电话：028-87600564　028-87600533
网址：http://www.xnjdcbs.com
印刷：郫县犀浦印刷厂

成品尺寸　170 mm×230 mm
印张　9.25　字数　152 千
版次　2024 年 9 月第 1 版　印次　2024 年 9 月第 1 次

书号　ISBN 978-7-5774-0076-1
定价　48.00 元

图书如有印装质量问题　本社负责退换
版权所有　盗版必究　举报电话：028-87600562

前言 Preface

近年来,随着居民生活水平的提高,农村生活垃圾的产量大幅度增加,组分也随之发生变化。然而,与之配套的生活垃圾处理处置设施不能满足这一变化,在收集、转运和处理处置过程中引起了一系列的环境问题。农村生活垃圾的处理处置问题成为新农村建设中必须解决的棘手问题,影响着农村地区的生态环境质量。

我国农村地区在经济、社会等方面与城市存在较大区别,使得农村生活垃圾处理处置不能简单套用现有城市生活垃圾的处理处置方案。一是生活垃圾特性差别较大;二是收集、转运成本高,农民居住情况较城市居民分散,尤其是在山区,垃圾收集和运输的成本高;三是经济条件限制,该条件是生活垃圾处理处置设施建设和正常运行的关键条件。此外,人才稀缺也是一个不容忽视的问题,管理和运行复杂的处理方法很难在农村地区推行。因此,研发经济可行的农村生活垃圾快速稳定化处理技术无疑是十分必要的。

生物反应器垃圾填埋技术比传统垃圾填埋技术存在明显优势,前者通过技术手段提高了填埋场内部垃圾的含水率,有利于微生物的生长繁殖,缩短了填埋垃圾稳定所需要的时间。笔者对农村生活垃圾填埋方案进行了比选,基于群决策层次分析法,比选出适宜在农村地区推广应用的填埋方案。在此基础上,笔者构建了12个填埋单元,其中包括两组对照组,分别为厌氧、准好氧生物反应器填埋场模拟装置,试验组为5组运行条件相同的厌氧-准好氧生物反应器填埋场模拟装置,研究了厌氧-准好氧生物反应器填埋场稳定化进程中固相、液相以及气相主要污染物质的变化规律。通过设定不同回灌条件的正交试验,探究了厌氧-准好氧生物反应器填埋场在产酸阶段和产甲烷阶段的最优工况。基于群决策层次分析法和重要指标筛选法确定了能够表征填埋场稳定化程度的四个关键指标，结合模糊综合评价法对厌氧-准好氧生物反应器填埋场的稳定化程度进行了评价。最后，根据四个核心表征指标的预测值和厌氧-准好氧生物反应器填埋场的稳定化评价模型，估算出厌氧-准好氧生物反应器填埋场的稳定化周期。

  本书由李红副教授撰写。在本书的撰写过程中，西南交通大学刘丹教授及其他课题组成员在整个实验期间提供了大量帮助；西南交通大学出版社在编辑出版过程中也给予了许多帮助，在此一并感谢。同时，对本书所引用的主要参考文献的原作者也一并致谢。

  最后，感谢泸州职业技术学院高层次引进人才项目（ZLYGCC202101）、泸州市社会科学界联合会项目（LZ21A097）等对本书数据调研采集和出版的支持。

  由于作者的学术水平和视野所限，书中难免存在不足之处，恳请广大读者批评指正。

李　红

2024年3月

目录 Contents

1 绪 论

1.1 农村生活垃圾产生与特性 001

1.2 农村生活垃圾处理现状及问题 006

1.3 农村生活垃圾管理现状 008

1.4 农村生活垃圾的污染和危害 009

2 农村生活垃圾收运与末端处置技术

2.1 农村生活垃圾的收集与转运 013

2.2 农村生活垃圾末端处置技术 020

3 基于GAHP的农村生活垃圾填埋方案比选

3.1 备选填埋方案的确定 032

3.2 GAHP层次模型 033

3.3 农村生活垃圾填埋方案比选 040

4 厌氧-准好氧生物反应器填埋场室内模拟试验

4.1 试验装置与材料 052

4.2 试验过程设计 055

4.3 试验结果与分析 057

5 厌氧-准好氧生物反应器填埋场运行机理

5.1 填埋场稳定化进程 081

5.2 填埋场主要污染物降解机理 084
5.3 污染物质降解影响因素 092
5.4 基于运行机理的填埋场调控措施 096

6 厌氧-准好氧生物反应器填埋场最优工况

6.1 试验组织与实施 103
6.2 试验结果与分析 107

7 厌氧-准好氧生物反应器填埋场稳定化评价

7.1 模型构建的理论基础 123
7.2 基于 GAHP 与重要指标筛选法的模糊综合评价模型 125
7.3 厌氧-准好氧生物反应器填埋场稳定化评价 126
7.4 稳定化评价模型的应用 131
7.5 厌氧-准好氧生物反应器填埋场稳定化周期 135

1

PART ONE

绪 论

根据《中国城乡建设统计年鉴（2022）》，我国建制镇常住人口约为1.85亿人，建制镇生活垃圾处理率为92.34%，无害化处理率为80.38%；乡常住人口约为0.21亿人，生活垃圾处理率为82.99%，无害化处理率为60.30%；村常住人口约为6.36亿人。农村生活垃圾年产生量约1.6亿吨，若不及时处理，不但影响村容村貌，还会造成环境污染。中共中央办公厅、国务院办公厅印发《农村人居环境整治提升五年行动方案（2021—2025年）》，提出健全生活垃圾收运处置体系，推进农村生活垃圾分类减量与利用，推动农村生活垃圾无害化处理水平明显提升，为"十四五"时期推进农村生活垃圾治理明确了方向。截至2020年底，农村生活垃圾收运处置体系已覆盖全国90%以上的行政村，全国排查出的2.4万个非正规垃圾堆放点整治基本完成。虽然我国农村生活垃圾治理水平明显提升，乡村面貌得到显著改善，但短板仍然存在，突出表现为照搬城市模式、缺乏适宜农村生活垃圾的有效处理方式。农村生活垃圾的有效处理成为农村环境卫生建设的一项重要内容，也是农村生态文明水平的一项衡量标准。

1.1 农村生活垃圾产生与特性

1.1.1 产生来源

1. 餐饮来源

食品垃圾主要为日常饮食产生的过剩食材，如蛋壳、烂菜叶、剩饭剩菜等；还包括消费副食品产生的残余物，比如果核、果皮等。

2. 日常用品消费产生的包装和残余物来源

该类垃圾是指农村居民从商店、小卖部、超市、集市等地方购买商品所产生的纸类、塑料等常见包装物，还包括罐头盒、玻璃瓶、陶瓷、木片等日用废物以及无机灰分等。

3. 生活用品淘汰来源

该类垃圾是指在日常生活中因废旧、损坏、更新过程中淘汰下来的物品，包括旧衣物、废电池、废弃的小型电子产品、儿童玩具等，但不包括大型家具、家电以及其他大型电子产品等物品。

4. 清扫垃圾

清扫垃圾指农村居民室内、室外以及村镇公共区域清扫产生的垃圾，包括树叶、树枝以及清扫的其他杂物。

5. 农业生产来源

农业生产过程中混入的少部分生产资料包装物（农膜、农药包装袋/瓶等）、作物秸秆、畜禽粪便、产业经济附属产品等。

1.1.2 农村生活垃圾的特点

农村生活垃圾是农村居民在生活过程中产生的固体废弃物质。随着居民生活水平的提高，农村生活垃圾的组分越来越复杂，人均日产量呈逐年上升趋势。不同地区之间农村生活垃圾的产量和组分存在差异，即便在同一地区，农村生活垃圾的产量和组分在时间上也存在差异。

1. 成分复杂

随着城镇化进程的加速，工业逐渐向农村转移，工业化元素和城市生活方式对农民、农村、农业的影响与渗透也日益加深，农村生活垃圾的组分正从单一化向复杂化方向发展。传统农村生活垃圾由易降解、易处置、可堆肥等特征向不可降解/难以分解、有毒有害、不宜堆肥、难以处置的现代农村生活垃圾转变。垃圾组分粗分可分为有机类、无机类、可回收类和有害类4类，细分可分为厨余、灰渣、纸类、金属、玻璃、布类、塑料和其他类。我国农村生活垃圾主要以有机类和无机类为主，其中有机类占垃圾总量的38.44%，无机类41.16%；其次是可回收类18.67%，再次是有害类占1.73%。

由于农村居民生产与消费模式的变化，使农村生活垃圾传统的循环途径日渐萎缩，如农户传统的庭院养殖萎缩，有机垃圾就地消纳方式逐渐消失，致使农村生活垃圾中厨余含量增大。秸秆回田的减少和煤块燃料的普遍使用，是灰土等无机垃圾产生的主要来源。此外，电子产品的使用和淘汰，农村医保的兴起，农药的普遍使用也造成了电子废物、过期药品和农药瓶（袋）等有害垃圾在农村生活垃圾中频频出现。

2. 地区差异性

我国农村生活垃圾的产生量存在地区差异性，由图1-1可以看出，中东部人口大省农村生活垃圾产生量最高，河南、山东、湖南、河北的产生量均超过了1 200万吨/年。西部青海、新疆、贵州、宁夏和西藏的产生量均低于100万吨/年。韩智勇等[1]研究发现，与国内东部和北方地区农村生活垃圾相比，西南地区农村生活垃圾具有可回收物比例高、惰性物质比例低的特征。一方面，由于西部地形复杂，村落分布比东部和北方地区更分散，不利于废品回收商进入村落对可回收物进行回收，导致可回收物比例明显偏高；另一方面，南北方能源结构具有较大差异，而且东部调查区制陶手工业发达，惰性物质比例比西南地区明显偏高。

地区差异性不仅体现在产生量的差异，还包括成分的差异。由表1-1可以看出，农村生活垃圾的主要成分为厨余类、灰土类、橡塑类、纸类以及砖瓦陶瓷类等，但不同地区生活垃圾各组分的占比差异较大。例如，厨余类占比最大值为57.55%，最小值仅为4.43%；灰土类占比最大值为94.00%，最小值为0。

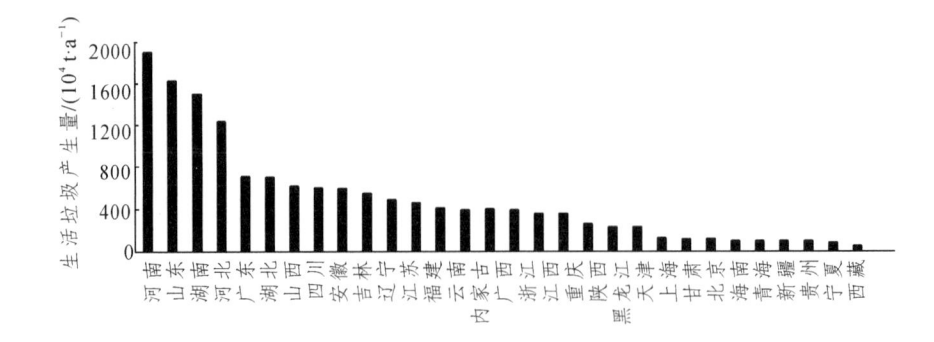

图1-1　2014年我国各省（直辖市、自治区）农村生活垃圾产生量

表1-1　不同地区农村生活垃圾成分对比[2]

地区	厨余类	纸类	橡塑类	纺织类	木竹类	灰土类	砖瓦陶瓷类	玻璃类	金属类	其他类
北京	26.28	3.94	5.48	1.16	3.05	57.47	1.5	0.9	0.16	0.06
沈阳	4.43	0.08	0.14	0.13	0.19	94.00	0.03	0.97	0.03	0
上海	50.00	2.00	5.00	5.00	10.00	3.00	15.00	15.00	0	0
杭州	43.71	8.13	14.48	3.73	4.10	11.98	5.46	4.69	0.62	3.07
合肥	28.26	17.85	23.65	2.59	5.74	13.72	5.93	2.13	0.14	0
青岛	32.80	3.20	5.40	1.30	0.90	39.20	14.50	2.30	0.20	0.20
海南白沙	54.12	10.76	10.10	0.18	2.98	0	2.08	5.00	0.53	14.53
四川泸州	57.55	8.35	8.30	0.47	6.95	7.31	0.50	2.55	0.67	7.38
拉萨	12.77	10.73	20.77	5.91	10.26	33.12	2.04	1.83	1.54	1.02

3. 季节差异性

受饮食结构及能源结构的影响，农村生活垃圾组分呈现出较大的季节差异性。例如，在夏季和秋季，农村生活垃圾中腐烂的瓜果、蔬菜等占比较大，有机组分含量高；在冬季，北方取暖会导致生活垃圾中灰分含量高

于其他季节。程伟[3]研究表明，随着北京地区大力煤改气工作的推行，北京农村生活垃圾中灰分含量占比大幅度降低，从12个月中各组分含量的标准偏差来看，厨余垃圾、灰土、砖瓦、纸类和玻璃5个组分也存在波动性，且灰土的标准偏差较高，1月、2月和3月份灰土的含量明显高于其他月份。此外，厨余垃圾的年度波动性也较大，详见表1-2。

表1-2　北京农村地区生活垃圾的物理组成[3]

月份	厨余	灰土	砖瓦	纸类	塑料	织物	玻璃	金属	竹木	其他
1	51.95	15.58	0.00	14.29	11.69	0.00	2.60	0.00	3.90	0.00
2	48.89	13.33	0.00	16.67	13.33	1.11	2.22	0.00	4.44	0.00
3	46.88	9.38	0.00	15.63	18.75	0.00	6.25	0.00	3.13	0.00
4	51.11	6.67	0.00	13.33	15.56	2.22	2.22	2.22	6.67	0.00
5	55.56	1.85	1.85	16.67	12.96	1.85	1.85	0.00	7.41	0.00
6	58.00	2.00	0.00	18.00	16.00	0.00	0.00	2.00	4.00	0.00
7	54.90	1.96	0.00	19.61	17.65	0.00	3.92	0.00	1.96	0.00
8	46.38	0.00	2.90	21.74	15.94	4.35	0.00	2.90	5.80	0.00
9	53.23	0.00	0.00	27.03	19.14	0.00	0.00	0.00	0.60	0.00
10	50.00	4.35	0.00	17.39	19.57	2.17	0.00	0.00	6.52	0.00
11	54.55	3.41	0.00	22.73	12.50	0.00	0.00	0.00	6.82	0.00
12	42.50	3.75	0.00	26.25	21.25	0.00	0.00	0.00	6.25	0.00
平均值	51.16	5.19	0.40	19.11	16.19	0.98	1.59	0.59	4.79	0.00
标准偏差	4.37	4.98	0.93	4.36	3.05	1.38	1.96	1.07	2.10	0.00

4. 产生量大

我国农村生活垃圾总量及组成受地域、城乡差异、居民生活习惯等影响，人均日产量为0.7~1.1千克/（人·天）[2]。卫生部有关数据显示，村、镇两级人均生活垃圾产生量分别为0.5~1.0千克/（人·天）、0.4~0.9千克/（人·天）[4]。2020年，我国村镇生活垃圾产生量为3亿吨[5]。如图1-1所示，农村生活垃圾的年产量呈现北高南低和东高西低的特点，即北方和东部经济较发达地区农村生活垃圾产生量高，西南和西北经济欠发达地区产生量相对较少。影响生活垃圾产生量的因素主要包括内部因素、自然因素、社会因素等三个方面。内部因素包括人口数量、经济发展水平、居民生活水平、能源结构和社会条件等，如废品回收市场的发展水平可直接影响垃圾分类效果和回收率，从而导致垃圾组分和产生量变化；自然因素与内部因素间存在互相补充和包含的关系；社会因素主要包括相关法规政策的完善及实施，环保知识的宣传、教育、培训以及政府对生活垃圾相关市场及产业的合理管控等。此外，个体特征、消费习惯差异、道德思想水平等也会影响垃圾的产生量。

1.2 农村生活垃圾处理现状及问题

1.2.1 农村生活垃圾处理水平

近年来，镇、乡层面的生活垃圾处理水平总体呈现稳定改善的趋势，根据2016—2022年的《中国城乡建设统计年鉴》，全国建制镇、乡生活垃圾处理率逐年上升，建制镇的生活垃圾处理率由86.03%提高至92.34%；乡生活垃圾处理率由70.37%提高至82.99%，全国建制镇、乡生活垃圾处理率如图1-2所示。

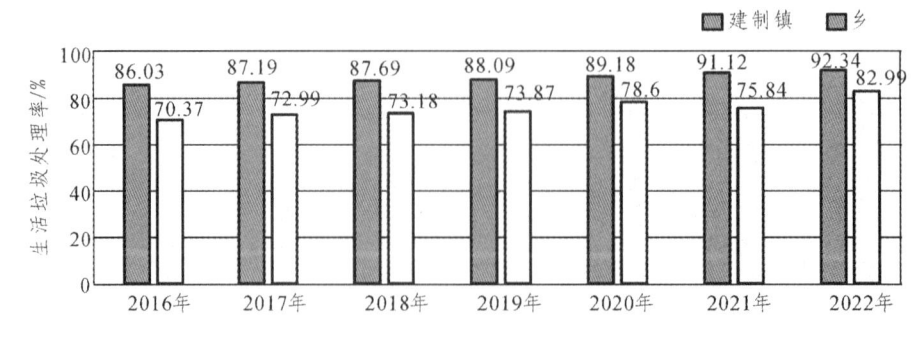

图1-2 2016—2022年全国建制镇、乡的生活垃圾处理率

由于各省份在经济、气候、地形等方面存在差别，建制镇、乡的生活

垃圾处理水平存在较大差异。以2022年为例，东北和西部地区的农村生活垃圾处理率明显偏低，其原因主要有：一是个别地区村屯分布较广，相隔较远，造成收运难度较大；二是经济总体发展不平衡，多数村没有专项资金用于垃圾处理，造成管理人员卫生意识相对薄弱，相关基础设施配备不全；三是治理理念大多"重末端治理，轻前端分类收集"，前置环节工作未到位；四是东北地区寒冷干燥的气候特点，造成冬季废弃的生活垃圾容易堆积冻结，难以处理。江浙、北京、上海等地生活垃圾处理和无害化水平较高，其主要原因为这些区域经济水平较高，环保基础设施投入力度大。2022年各省建制镇、乡生活垃圾处理及无害化情况和图1-3、图1-4所示。

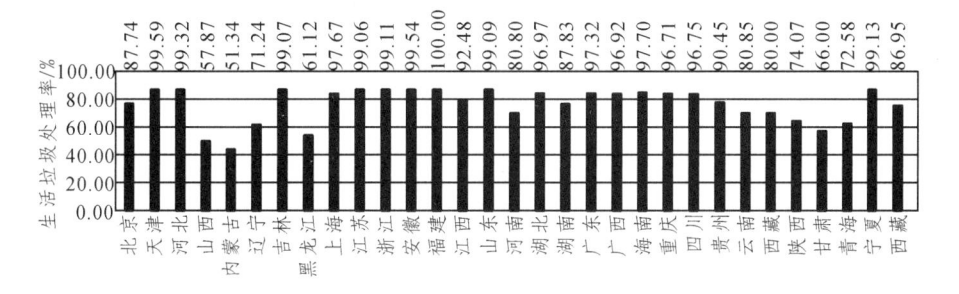

图1-3　2022年各省建制镇生活垃圾处理率

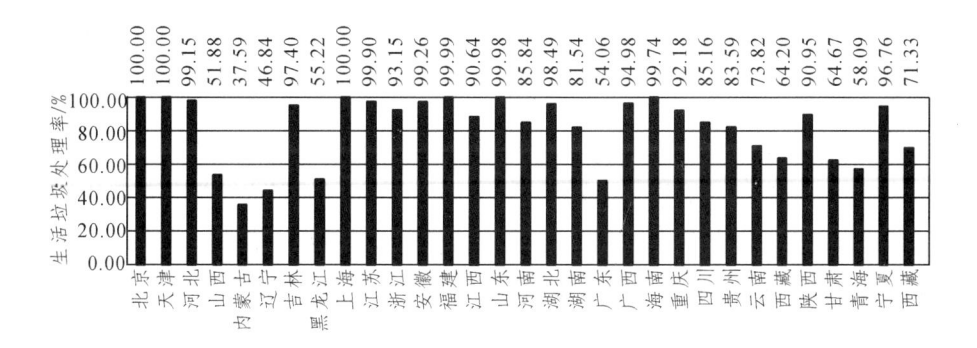

图1-4　2022年各省建制乡生活垃圾无害化处理率

1.2.2 县城生活垃圾处理处置基础设施

2015年，住房和城乡建设部等十部门联合印发了《关于全面推进农村垃圾治理的指导意见》（建村〔2015〕170号），首次提出因地制宜建立"村收集、镇转运、县处理"治理体系。大部分农村生活垃圾在收集转运后于县一级处理，县城生活垃圾处理处置基础设施情况能够反映农村生活垃圾处理情况，2005年、2010年、2015年、2020年我国县城生活垃圾无害化处理设施情况见表1-3。

表1-3 县城生活垃圾无害化处理设施情况[6]

设施类型	2005年 数量/座	2005年 处理能力/(万吨·日)	2010年 数量/座	2010年 处理能力/(万吨·日)	2015年 数量/座	2015年 处理能力/(万吨·日)	2020年 数量/座	2020年 处理能力/(万吨·日)
设施总量	217	2.60	448	6.93	1187	18.1	1428	35.83
1 填埋场	199	2.41	421	6.21	1108	15.8	1227	25.67
2 焚烧厂	5	0.06	15	0.47	37	1.6	156	9.41
3 其他	12	0.13	12	0.25	42	0.7	45	7.59

由表1-3可知，县城生活垃圾无害化处理设施数量和处理能力均快速增长，尤其是在2010年以后，垃圾无害化设施的数量和处理能力增长迅速。从垃圾无害化处理设施数量来看，设施数量持续增长，增速有所放缓，2020年设施总量高达1 428座；从处理能力来看，填埋占比最大，但总体呈下降趋势，2005年、2010年、2015年、2020年占比分别为92.69%、89.61%、87.69%和71.64%，焚烧处理占比则逐年上升。

1.3 农村生活垃圾管理现状

我国农村生活垃圾管理水平低，区域差异明显。东部及沿海地区与西部和东北地区存在宏观差异，东部及沿海地区的经济发展水平较好，财政实力、环境意识、市场机制等相对成熟，能够将城市垃圾处理服务向农村地区延伸或者直接在农村地区建立垃圾回收处理的运营机制，解决当地农村垃圾处理问题。而在西部、东北地区，受经济和社会条件限制，农村生活垃圾处理的运营机制还不成熟。中部地区则介于东西部地区之间，部分省份开始对农村生活垃圾问题进行治理，运营机制不断完善。此外，在同一个地区也存在不同区域的微观差异，这种差异通常是从每个省的中心城市向周边呈现强度递减的分布态势，越远离中心城市的地区，农村生活垃圾处理程度越低。

总体而言，我国农村生活垃圾管理机制和政策研究起步较晚，政策等方面的研究和实践上远远落后于发达国家，在农村环境监管体制、机制和管理方面十分薄弱，我国农村地区进入科学分类和精细处理阶段还需要经历较长时间。

1.4 农村生活垃圾的污染和危害

1.4.1 农村生活垃圾的污染

长期以来，我国大多数农村地区经济水平低下，农村人口居住分散，加之传统的生活垃圾处理方式主要是将厨余垃圾用作饲料或还田利用，有价废品被回收，农村生活垃圾产生量少，对环境的影响也较小。基于此，农村生活垃圾的管理在很长一段时期内未被重视，绝大多数农村地区都没有设立专门的行政管理机构或部门，生活垃圾普遍采用随意丢弃或就地简易填埋处理。自20世纪80年代，我国明确提出了"环境保护是一项基本国策"，政府部门的环境整治工作开始呈现逐年加强的趋势，促使很多农村地区开始建立环保基础设施，且设施的整体运营水平也逐年提升，但和城市生活垃圾相比，农村生活垃圾的处理状况仍有很大的差距。根据韩智勇等[1]对我国西南地区农村的调研结果，该地区首要的环境问题来自生活垃圾引起的固废污染，其次是由生活垃圾、生活污水和规模化养殖等引起的地表水污染，然后才是由垃圾焚烧、规模化养殖等产生的大气污染，噪声污染尚不明显。

1.4.2 农村生活垃圾的危害

农村的发展和变化改变着农村生活垃圾的特点。厨余垃圾比例大，含水率高，还混杂着农业生产中产生的废弃物，放置时间过长，会导致多种微生物、病毒及致病菌的滋生，对环境及村民健康构成严重威胁，其危害主要有以下四个方面。

1. 污染土壤

农村生活垃圾若任意露天堆放或没有适当防渗措施的填埋，易造成土壤环境污染。生活垃圾中的有害物质通过直接或间接方式进入土壤，进而改变土壤自身性质，造成土壤肥力下降，土壤结构发生变化，使农作物的品质和产量降低。万书明等[7]研究发现，农村生活垃圾长期露天堆放会影响周边土壤的理化性质，总氮、总磷、氨态氮、总有机碳含量明显增加，硝化速率和呼吸速率也随之发生变化。近年来，微塑料成为环境领域的研究热点，生活垃圾是土壤微塑料的重要来源之一，在生活垃圾缺乏妥善处理的区域，塑料残留碎屑在土壤中存留时间长且降解困难，对农作物的生长环境破坏较大，降低粮食和蔬菜等农产品的品质。微塑料的生态影响是综合性、多层次的，主要表现在改变土壤理化性质、微生物群落、土壤动植物生长以及进入食物链等方面[8]。

2. 污染水体

农村生活垃圾收运系统和环卫体系还不够完善，且村民倾倒生活垃圾具有很强的随意性，房前屋后、池塘边和低凹处往往会成为直接丢弃场所[9]。在压实、发酵等物理、化学和生物作用下，同时在降水和地下水的渗流作用下，垃圾在堆放过程中会产生含有多种有毒有害无机物和有机物的液体，被称为渗滤液。渗滤液直接排入水体会造成富营养化，导致水体缺氧、鱼类死亡上浮，水体中厌氧微生物开始增殖富集，释放出使水体发黑、发臭的物质，给水环境治理带来困难[10]。许多地方的农村生活饮用水水源仍为河流、浅水井，缺乏自来水系统，垃圾中的有毒有害物质易借助水体传染给人和牲畜，进而危害健康。另外，一些垃圾漂浮在河道水面，不仅影响水体感官，而且扩大了污染面积。

3. 侵占土地

垃圾的就地集中堆放会占用大面积的土地，破坏地表植被，影响生态环境和农作物的生长，导致粮食减产，影响农村社会经济可持续发展[11]。据统计，在美国，农村生活垃圾堆放占地为200万公顷，苏联为100万公顷，英国为60万公顷，波兰为50万公顷[12]。在我国，因农村固体废物堆放而侵占和损毁的耕地面积已达13.3万公顷以上，仅垃圾填埋场占地面积就达5万公顷左右。600座城市近郊已堆放或填埋的各类垃圾达80亿吨，并呈现持续快速增加的趋势。而耕地一旦被垃圾损毁、侵占或污染，则在短期内乃至永久性难以逆转修复和再利用[13]。

4. 影响环境卫生

农村生活垃圾会影响农村环境卫生。垃圾露天堆放最易散发恶臭，滋生老鼠、蚊子、苍蝇等，破坏环境卫生状况。垃圾中含有许多有毒物质和病原体，垃圾堆就成了这些传染性物质繁殖和传播的通道，对居民健康构成潜在威胁。另外，农村垃圾中也含有相当多的废弃塑料制品、泡沫等，使农村显得很脏乱。翟晓光等[14]对农村生活垃圾堆场附近的苍蝇密度进行测量后发现，垃圾堆场远、近端密度分别为319个/时和562个/时，明显高于邻村对照点132个/时，而且农村居民饮用受污染的污水患肠道传染病的危险性是饮用洁水居民的15.1倍。由此可见，农村生活垃圾影响环境卫生，威胁人类健康。

综上所述，农村生活垃圾对农村环境的影响是多方面的。应该结合社会、经济及自然等实际情况，进行科学合理的处理处置，遏制生活垃圾对农村环境的进一步污染。

参考文献

[1] 韩智勇,梅自力,孔垂雪,等. 西南地区农村生活垃圾特征与群众环保意识[J]. 生态与农村环境学报,2015,31(3):314-319.

[2] 李丹,陈冠益,马文超,等. 中国村镇生活垃圾特性及处理现状[J]. 中国环境科学,2018,38(11):4187-4197.

[3] 程伟. 北京城区和农村地区生活垃圾组成特性的对比分析[J]. 再生资源与循环经济,2020,13(1):17-22.

[4] 何品晶,张春燕,杨娜,等. 我国村镇生活垃圾处理现状与技术路线探讨[J]. 农业环境科学学报,2010,29(11):2049-2054.

[5] 王涛,岳波,孟棒棒,等. 基于不同尺度的差异化农村生活垃圾处理模式——以我国30881个镇域单元为例[J]. 地球科学与环境学报,2023,45(1):104-117.

[6] 那鲲鹏,吴玉璇. 我国农村生活垃圾收运处理系统各环节实施情况及对策建议[J]. 建设科技,2023,(4):26-29.

[7] 万书明,席北斗,李鸣晓等. 农村生活垃圾长期堆放对土壤硝化速率和呼吸速率的影响[J]. 东北农业大学学报,2012,43(11):67-71.

[8] 李鹏飞,侯德义,王刘炜,等. 农田中的(微)塑料污染:来源、迁移、环境生态效应及防治措施[J]. 土壤学报,2021,58(2):314-330.

[9] 游文佩. 农村垃圾处理问题的治理之道[J]. 内蒙古农业大学学报(社会科学版),2014,16(1):14-18.

[10] 寇兵,袁英,惠坤龙,等. 垃圾渗滤液中溶解性有机质与重金属络合机制研究现状及展望[J]. 环境工程技术学报,2022,12(3):851-860.

[11] 刘冰雁. 当前农村生活垃圾的污染现状分析及对策建议[J]. 安徽农学通报,2018,24(15):155-156+161.

[12] 邓守明,李婷,胡建,等. 新农村建设中的固体废物污染及其对策[J]. 贵州农业科学,2010,38(6):232-235.

[13] 杨曙辉,宋天庆,陈怀军等. 中国农村垃圾污染问题试析[J]. 中国人口·资源与环境,2010,20(S1):405-408.

[14] 翟晓光,李鸿儒. ××市生活垃圾对农村居民生活环境的影响[J]. 环境与健康杂志,1989,(4):39.

PART TWO

农村生活垃圾收运与末端处置技术

2.1 农村生活垃圾的收集与转运

2015年，住房和城乡建设部等十部门联合印发了《关于全面推进农村垃圾治理的指导意见》（建村〔2015〕170号），首次提出因地制宜建立"村收集、镇转运、县处理"的治理体系。我国东部地区总体进展相对较快，部分先进地区在城区垃圾分类取得良好成效的基础上，探索农村垃圾分类减量。例如，江苏省全面建立"组保洁、村收集、镇转运、县（市）处理"的农村生活垃圾收运处置体系，2022年农村生活垃圾集中收运率超过99%。

2.1.1 收运设施

收集是农村生活垃圾治理体系的首个环节，也是十分重要的环节，决定着生活垃圾能否得到及时有效的处理。转运是指将集中收集的垃圾通过垃圾运输车辆、垃圾中转站转载到大型运输设备，直至运输到最终处置场所的过程。转运是垃圾治理链条的重要环节，是垃圾治理水平和市容管理的重要体现。在农村地区，常见的收运设施见表2-1。

表2-1 农村地区常见收集设施基本情况表

类别	图片	名称及特点
收集容器		塑料垃圾桶，按容积大小可分为50 L、80 L、100 L、120 L、140 L、200 L等多种规格。采用高密度聚乙烯一次注塑而成，其分子排列紧密均匀，原料中加入抗紫外线剂，不易褪色，具有耐腐蚀、无毒性、易清洗、重量轻、防冻耐热、不易破裂、使用寿命长等特点
收集容器		简易垃圾房，为简易的垃圾收集点，在农村较为常见，建造成本低，砖混结构，能遮雨，但底部往往仅用水泥砂浆硬化，不做专门的防渗处理，对环境潜在危害大
收集容器		垃圾池，为简易的垃圾收集点，在农村较为常见，建造成本低，砖混结构，底部往往仅用水泥砂浆硬化，不做专门的防渗和防雨处理，对环境潜在危害大
收集容器		勾臂垃圾箱，主要是利用勾臂垃圾车底盘自带的发动机为动力，通过变速箱上安装的取力器，采用液压机构手动或电控来实现箱体的上勾、下卸、自卸等功能。密封处采用橡胶条密封，杜绝在运输途中对环境造成的二次污染
转运机具		改装汽车，由三轮机动车改装的垃圾收运车，主要在较为偏远的地区使用，收集过程中可能发生垃圾抛洒、臭气散发、污水泄漏等风险，对沿途环境造成二次污染
转运机具		挂桶收集车，在垃圾车尾部装有防水的后挡板，可消除在运输过程中的泄漏；在车身侧面安装举升机，更加方便高效。该类收集车适用于短途运输，如环卫部门对城镇垃圾的清理、运输等

2 农村生活垃圾收运与末端处置技术

续表

类别	图片	名称及特点
转运机具		勾臂垃圾车，勾臂车通过液压系统的操控，将垃圾箱拉至车的后座上，通过特殊装置固定，车辆启动，垃圾运送至中转站或填埋场，通过液压系统实现自动倾倒。可一车配多斗，箱体采用密封式设计，不易造成二次污染
		压缩式垃圾车，垃圾被车载垃圾推进器推压入车箱，使得垃圾紧密、均匀地布置在车箱内。车辆的箱体、斗体及水箱等均采用碳钢全密封焊接制作，强度高、重量轻，且无二次污染；控制系统安装电脑系统，实现自动化操作，降低环卫工人劳动强度的同时又能够改善作业环境
转运站		垂直式转运站，垃圾在压缩、储存和卸料等作业过程中处于封闭状态，没有垃圾脱落和污水外溢现象，减少了垃圾臭气的外逸，垃圾站设备和场地便于清洗，对周围环境的污染很小。垃圾站设备自动化程度较高，减轻了环卫工人的劳动强度
		地埋式转运站，占地面积小，可充分利用地下空间，仅在垃圾转运时升举到地面以上；投资较小，可露天安装，节省投资和工期；采用整体式箱体设计，将进料、压缩及出料组合在一起，提高了设备的运行效率和可靠性，全封闭作业，有利于实现现场整洁和自动化作业
		移动式转运站，安装调试方便，不需要土建工程或仅需一块硬化场地，化解中转站选址难的问题，适合于城乡地区生活垃圾的收集和转运。转运车和转运车箱分离，压缩设备与中转分离，灵活机动，便于收运系统管理协调率
		分体式垃圾压缩中转站，采用水平压缩方式，将垃圾压缩并储存在设备前端的大容量垃圾集装箱体内的垃圾转运站设备。具有压缩力大、处理效率高、机构运行可靠、可自动循环操作和智能监控、使用寿命长等特点

对于农村生活垃圾转运体系，我国统筹县（市、区、旗）、乡镇、村三级设施和服务，持续加强设施建设、优化转运设施布局，生活垃圾转运站和环卫专用车数量不断增加，农村生活垃圾收集、清运效率大幅提高。农村生活垃圾转运设施配置情况见表2-2。

表2-2 2006年、2007年、2010年、2015年、2020年我国农村生活垃圾转运设施配置情况[1]

统计年份	行政区类别	数量/万个	生活垃圾中转站/座	环卫专用车辆设备/辆	每镇/乡平均配备的生活垃圾中转站/座	每镇/乡平均配备的环卫专用车辆设备/辆
2006年	建制镇	1.77	—	48 093	—	2.72
	乡	1.46	—	8 837	—	0.61
2007年	建制镇	1.67	22 490	50 394	1.35	3.02
	乡	1.42	4 625	10 360	0.33	0.73
2010年	建制镇	1.68	27 455	68 771	1.63	4.09
	乡	1.37	7 982	14 490	0.58	1.06
2015年	建制镇	1.78	34 134	115 051	1.92	6.46
	乡	1.15	10 536	24 149	0.92	2.10
2020年	建制镇	1.88	28 737	119 983	1.53	6.38
	乡	0.89	8 947	28 560	1.01	3.21

2.1.2 收集方式

现阶段，农村地区环卫资金投入不足，基础设施建设滞后，农村生活垃圾收集方式主要分为混合收集和分类收集两大类。

1. 混合收集

混合收集是指将未经任何处理的各种垃圾混杂在一起进行收集的方式。我国农村地区垃圾收集采用的多为混合收集的方式，这种收集方式为后续的垃圾处理带来了很大困难，不仅加大了技术选择的难度，也不利于垃圾资源化利用。混合收集在前端主要包括入户收集和住户投放。

（1）入户收集

入户收集是指住户将各自产生的生活垃圾利用垃圾桶或垃圾袋在家中收集存放，再由村内保洁人员上门逐一收集的方式。

①直接运输。

这种方式是村民将产生的生活垃圾投放到自行置备的垃圾桶中，垃圾收集人员利用简单的垃圾运输车辆，定时定点到村民家中逐一入户收集，再直接将垃圾运到垃圾处理场所。

②村转运。

这种方式是村民将产生的生活垃圾投放到自行置备的垃圾桶中，垃圾收集人员利用简单的垃圾运输车辆，定时定点到村民家逐一入户收集，再运往村或者镇的垃圾收集点，然后统一运到垃圾处理场所。

③村暂存-镇转运。

这种方式是村民将产生的生活垃圾投放到自行置备的垃圾桶中，垃圾收集人员利用简单的垃圾运输车辆，定时定点到村民家逐一入户收集，再运往村里的垃圾暂时存放地点，由垃圾运输车辆运往镇级别的中转站，最后统一运往垃圾处理场所。

（2）住户投放

①村（镇）转运。

这种方式是在村里设置多处公共垃圾桶，村民将产生的垃圾自行投放到公共垃圾桶中，垃圾收集人员定时收集公共垃圾桶中的垃圾，并用运输车辆运往村垃圾收集点，最后统一运往垃圾处理场所。

②村暂存-镇转运。

这种收集方式是村里设置多处公共垃圾桶，村民将产生的垃圾自行投放到公共垃圾桶中，垃圾收集人员定时收集公共垃圾桶中的垃圾，并用运输车辆运往村垃圾收集点，再由村垃圾收集点统一运往镇一级的中转站，最后运往垃圾处置场所。

2. 分类收集

分类收集是指村民根据要求将垃圾进行粗分类，再进行分类投递的方式。在垃圾收集或运输环节，工作人员有可能还会对垃圾进行再细化的分类。分类收集方式有较好的经济效益和环境效益，常见的有四种方式。

（1）户分类收集投放+村统一运输

这种形式是村民根据地区分类方式，自行将生活垃圾分类，然后再分类投放到附近公共分类垃圾箱中，垃圾收集人员定时分类收集，利用垃圾运输车运往垃圾处理场所。

（2）户混合收集投放+村（镇）集中分拣

这种收集方式是村民不对生活垃圾进行分类，将生活垃圾直接投放到村公共垃圾桶中，垃圾收集员将垃圾运输到村垃圾集中处理场所，再由工作人员进行分类。由于村民未对垃圾进行简单分类，垃圾分拣人员后期工作量较大。

（3）户一次分类收集投放+村（镇）二次分拣

这种方式是村民将生活垃圾进行粗分类，再分类投放到村公共垃圾桶（经济条件较好的乡村会有专人指导村民分类投放），垃圾收集员利用运输车运到村级垃圾处理场所，再进行二次精细分类。这种收集方式进行了二次精细分类，分类效果较好。

（4）户一次分类（入户收集）+村暂存（镇统一运输处理）

这种方式是村民将生活垃圾进行分类存放，垃圾收集员定时逐户上门收集，收集过程中对垃圾进行分类效果检查、核验，合格后再运输到村暂存垃圾站点分类存放，最后由镇一级利用垃圾转运车辆统一运输。这种分类方式较为精细，但是人力成本投入较大，仅适合经济条件较好的乡村地区。

综上所述，垃圾分类收集方式的选择应结合村镇具体情况，因地制宜。

2.1.3 农村生活垃圾收运存在的问题

尽管国家加大了对农村生活垃圾收运体系的投资，农村生活垃圾处理的整体情况仍存在诸多问题，主要表现在以下五个方面。

1. 生活垃圾随意投放

部分村民对生活垃圾分类知识掌握程度不高，将不属于生活垃圾的农业垃圾、畜禽粪便、建筑垃圾、大件垃圾均混入生活垃圾中，增加了垃圾收集、处理的负荷；部分群众尚未形成良好的投放习惯，或投放不积极，或投放不入池，导致明显的二次污染。

2. 收运设施设备缺乏

农村生活垃圾收运方式较为落后，收运设施不配套且数量不足，西部地区表现尤为明显，具体表现在三个方面：一是垃圾清理和运输基本以留守的中老年人为主，以人力、手工作业为主，不仅劳动强度大，收运也不及时；二是垃圾收集点不足，缺乏配套的垃圾桶、运输车和转运站；三是收集设施未采取有效的密封、清洁措施，且无防渗措施，在安全性、环保性等方面均存在隐患。

3. 收运设施规划不合理

垃圾收集和转运设施规划设置不合理，主要表现在两个方面：一是农村生活垃圾收集点和转运站的选址与布点过于随意，缺乏系统、科学的规划，导致一部分已建设施利用率不高，另一部分已建设施负荷又严重超标；二是收运设施服务半径不合理，路况越好，收集点数量越多，距离集镇、行政村和村委会越近，布设越多。以上两个原因导致部分群众因投放距离过远或不便，而选择自行处理或随意倾倒。

4. 收运设备设计不合理

生活垃圾收运设备设计不合理主要体现在五个方面：一是生活垃圾收集箱/池/房缺少异味、渗滤液、景观、环境卫生等二次污染的防护措施；二是投放口和清运口的设计不合理，使用不便；三是无合理的分类收集设计；四是外观设计与当地环境和文化相符性也不高；五是缺乏对农村生活垃圾的收集、运输和中转设备的研发，无适合农村地区的生活垃圾成套混合和分类收运设备。

5. 收运模式尚需探索

当前，"村收集-镇转运-县处理"的垃圾收运模式在全国广泛推广，但是该模式并不适以山地、丘陵、高原等为主的地区。该模式在西部地区推行过程中遇到了极大的困难。因此，尚需在西部地区探索分散处理、组团处理、集中与分散处理相结合的多种模式，以适应不同农村地区的实际情况。

2.2 农村生活垃圾末端处置技术

2.2.1 焚烧法

焚烧法是一种高温热处理技术，即以一定量的空气与被处理的有机废物在焚烧炉内进行氧化燃烧反应，垃圾中的有毒有害物质在800~1200℃高温下氧化、热解而被破坏。这种方法减量化效果好，消毒彻底，无害化程度高，是一种可同时实现垃圾减量化、资源化、无害化的处理技术。

焚烧法具有占地面积少、处理时间短、减量减容效果好、无害化彻底、潜在热能可回收用于发电、经济效益明显等优点。这种技术适宜于经济发达、人口密集、垃圾热值高、土地紧张的地区。早在20世纪，焚烧法就被许多发达国家广泛应用于生活垃圾的无害化处理，并取得了较好的经济、社会和环境效益。2005年，我国的《可再生能源法》里明确提出"鼓励发展生活垃圾焚烧处理"之后，该技术得到了快速的发展，在生活垃圾处理中的占比不断提高。在国家"十三五"规划明确提出"到2020年底，全国生活垃圾焚烧处理能力占无害化处理能力的50%以上，中东部地区达到60%以上"的建设目标，该技术已逐渐成为大型生活垃圾方式的首选。

然而，国内生活垃圾焚烧处理技术的发展及推广应用并不是很顺畅，很多地区垃圾焚烧处理厂的建设进展缓慢，很难开展，并未达到规划的预期数量。影响垃圾焚烧厂建设的主要原因归纳起来有以下几点：第一，很多地方的居民担心焚烧烟气会带来环境污染，影响自身健康，大量邻避现象的产生，造成生活垃圾焚烧厂选址困难；第二，焚烧厂的建设投资和运行成本高，设施操作复杂，运行管理水平要求高，废水、废气、灰渣环保排放要求严格，二次污染风险大；第三，国内多数地区生活垃圾仍是混合收集，混合垃圾的热值通常较低，影响焚烧技术的综合效果。岳波等[2]调查发现，我国典型村镇生活垃圾的热值在2 401~4 556 kJ/kg，略高于焚烧处理的最低限值3 344 kJ/kg，远低于焚烧处理的推荐热值6 280 kJ/kg。农村生活垃圾的热值低，若采用焚烧处理的方式，则需要额外添加助燃物质，会进一步增加处理成本。因此，在现阶段，焚烧处理不适合在经济欠发达的农村地区应用。

2.2.2 好氧堆肥

好氧堆肥是在有氧条件下，通过好氧微生物分泌的酶将垃圾中的固态有机物分解为可溶性有机物，这些可溶性有机物再被微生物利用，参与微生物的新陈代谢过程，从而实现固态有机物向腐殖质转化，最后达到腐熟稳定成为有机肥料的过程。Capatin Camelia等[3]研究了采用堆肥技术处理农村生活垃圾的可行性，结果显示通过有效的技术和管理措施，采用堆肥技术处理农村生活垃圾在经济方面是可行的。在我国，段雄伟等[4]研究了农村生活垃圾的可堆肥性，结果显示农村生活垃圾中的相关指标低于国家的控制标准，满足堆肥要求，广东省的农村垃圾具有农用的可行性[57]。好氧堆肥设施适用于人口密度不高，生活垃圾产量相对稳定的农村地区。好氧堆肥技术可分为庭院式堆肥技术和集中式堆肥技术。庭院式堆肥技术是在田间、房前屋后开展的一种分散式就地堆肥技术。集中式堆肥技术则是一个行政村或多个行政村联合建设一个较大型堆肥场。好氧堆肥的优点是工艺简单，建设和运行成本低，物料分解彻底，病原菌消杀彻底，生产周期短，堆肥产品可用于改良土壤，能够实现农村有机生活垃圾—堆肥—农业生产的循环利用。这项技术的不足之处在于堆肥场占地较多，造成选址困难；进料、分选、堆沤等环节恶臭释放量大，成分复杂，臭味控制难，存在渗滤液和臭气二次污染的潜在风险；堆肥产品的品质受垃圾组分影响大，不易控制，且产品标准化程度低，影响系统的稳定运行及产品品质；堆肥残渣（如不能分解的塑料、玻璃、金属、陶瓷等）尚需要做进一步的无害化处理。为了解决这些问题，不断对堆肥技术进行改进，将现代技术和机械化设备应用于好氧堆肥技术中，研发出很多新型的好氧堆肥设施设备，如阳光房等，但其工艺技术仍有待完善。

2.2.3 厌氧发酵

厌氧发酵也叫厌氧消化或沼气发酵，是有机物质在一定温度、湿度、酸碱度和密闭无氧条件下，经过沼气菌群发酵（消化），生成沼气、沼液和沼渣的过程。厌氧发酵产生的主产品沼气及副产品沼液和沼渣等皆能被利用。厌氧发酵技术处理农村生活垃圾的优点有占地面积少，工艺较简单，操作简便，建设和运行成本低，可提供清洁能源，沼渣、沼液亦可综合利用，可实现农村有机垃圾—厌氧发酵—农业生产的循环利用等。然而，该技术易受环境温度变化的影响较大，沼气属于易燃易爆物，有引发安全事故的风险。此外，沼渣、沼液若难以就地消纳，有可能会引起二次污染。

2.2.4 热解处理

热解是将生活垃圾在隔绝空气或仅提供少量氧气的条件下，高温加热，通过热化学反应，将生活垃圾中的有机大分子裂解成小分子的热化学过程。生活垃圾热解处理后的主要产物有固、液、气三种，固态物主要是热解炭和残渣，热解炭具有丰富的孔隙结构、较高的稳定性，可以用于污水处理及土壤修复等。固体残渣一般还需运送至垃圾填埋场进行最终处理。热解后产生的液态物为热解液，含有大量的水分和乙酸、乙醇、丙酮等有机物组成的焦油类物质。经过油水分离后，可以得到热解油，其成分复杂而不稳定，只是一种初级"原油"，油品较低，直接利用的价值不高，需再精制提质处理后才可作为燃料油使用。热解产生的热解气体是一种可燃气体，一般是作为垃圾热解反应部分的能量加以利用。热解技术具有占地面积少，可回收热能，运输储存方便，减量化效果明显，适应性较广等优点。热解技术的操作控制要求较高，烟气、焦油如处理不当，造成二次污染的风险较高，灰渣和热解炭的回收利用途径比较受限。

2.2.5 填埋

1. 简易填埋场

在1990年以前，我国主要采取好氧堆肥和简易堆填的方式处理生活垃圾，全国各个地区都建设了很多简易填埋场（图2-1）。简易填埋场未采取覆盖、防渗等手段，大多数生活垃圾直接裸露在外，只有少量垃圾使用土进行覆盖，其建设不符合生活垃圾卫生填埋技术处理的要求，对周边环境所造成危害主要表现在以下三个方面：其一，周边环境存在严重恶臭的情况。由于简易填埋场的垃圾不能得到大范围遮盖，同时填埋气体未得到有效导排，恶臭物质挥发到大气环境中，对人们的身体健康造成不良影响，再加上一些轻质垃圾还会随风漂移，对大气环境带来严重污染。其二，渗滤液会对自然生态环境造成破坏。大多数简易垃圾填埋场在使用过程中未建立健全的垃圾渗滤液处理系统，导致垃圾随地表径流任意排放，在一定程度上对地表水和地下水环境造成直接影响。其三，破坏土壤。电池、玻璃与塑料等都属于生活垃圾，简易垃圾填埋场没有使用科学合理的防渗技术，许多污染物直接对土壤造成破坏，间接对地下水造成污染，进而对居民的身体健康造成威胁。

图2-1　简易填埋场

2. 受控填埋场

受控填埋场（图2-2）是采用填埋工艺并配备部分环保设施，如压实、覆盖等，但场内无垃圾渗滤液或填埋气体的收集、导排或处理设施，或封场、防渗等二次污染防护措施不足的填埋场。

图2-2　受控填埋场

3. 卫生填埋场

卫生填埋是利用工程手段，采取有效的技术措施，防止渗滤液及有害气体对水体和大气造成污染，并将垃圾压实减容，在每天操作结束或每隔一定时间用土覆盖，使整个填埋过程对公共卫生安全及环境均无害的一种处理方法。卫生填埋时，通常把每天运到填埋场的垃圾在限定的区域内摊铺成40~75 cm的薄层，然后压实以减少垃圾的体积，并在每天操作之后用一层厚15~30 cm的黏土或粉煤灰覆盖、压实。垃圾层和覆盖层共同构成一个单元，即填埋单元。具有同样高度的一系列相互衔接的填埋单元构成一个填埋层，最终封场的卫生填埋场是由一个或多个填埋层组成的（图2-3）。

当垃圾填埋达到最终的设计高度后,在该填埋层上建造厚为90~120 cm的覆盖层,就成为一个完整的卫生填埋场。

图2-3 卫生填埋场

4. 生物反应器填埋场

设计和施工良好的卫生填埋场能较严格地限制降雨和地下水进入填埋场内,最大限度地减少垃圾渗滤液的产生和随之而来的渗滤液处理难题。但是,随着填埋场上部覆盖层和下部防渗层的最终失效,大气降水迟早会进入填埋场内,与填埋垃圾发生一系列物理、化学和生物反应,进而产生渗滤液,并通过失效的防渗层污染填埋场地下水体。形象地讲,一个严格的传统填埋场实际上就成为了一颗"定时炸弹"。尽管严格设计施工的传统填埋场短期内不会对周围环境造成威胁,但它会对我们子孙后代的环境需求形成潜在威胁。基于此,传统填埋场不符合可持续发展的要求。20世纪,美国的Pohland首次提出了生物反应器填埋场的概念,这一概念是在一份渗滤液处理方案中被提出的,Pohland设想利用垃圾层的吸附作用和内部微生物作用来降解渗滤液中的有机污染物质[5]。根据美国环保署的定义,生物反应器填埋场是采用特定的、有目的的做法,如增加水分的注入,或者改善覆盖材料,或者添加有利于微生物生长的营养物质,亦或者调节渗滤液的pH和温度等方法来增强填埋场内部微生物的活性,从而加速填埋场内部主要污染物质降解速率的一种回灌型卫生填埋场[6]。根据运行方式的不同,生物反应器填埋场可分为厌氧、好氧、准好氧和联合生物反应器填埋场四种类型。

（1）厌氧生物反应器填埋场

厌氧生物反应器填埋场与传统卫生填埋场最根本的区别在于增加了渗滤液回灌系统。渗滤液经收集系统和输送系统重新回灌进入垃圾层，这一方法增加了填埋体系内部微生物的种类和活性，加快了填埋场的稳定化进程[7]。厌氧生物反应器填埋场是应用最为广泛的填埋场，最初主要目标是处理渗滤液和利用填埋气，之后的研究发现厌氧生物反应器填埋场能加速填埋场的稳定化。Pohland率先开展了渗滤液回灌技术在厌氧填埋场应用的室内模拟试验[5]，研究发现通过渗滤液回灌可以显著增加垃圾层微生物的活性，加速填埋场稳定化进程。在这之后，大量学者采用渗滤液回灌、接种污泥、调节渗滤液温度等措施加快填埋场稳定化，研究稳定化过程中主要污染物质的降解规律。这些研究发现，在填埋初期，垃圾在好氧微生物的作用下快速降解，COD（化学需氧量）浓度迅速升高，随着氧气含量的降低，好氧微生物的活性受到抑制，兼氧和厌氧微生物的种类和数量不断上升，并取代好氧微生物成为优势菌群，随着垃圾中易溶出有机物的含量逐渐降低，渗滤液中COD达到最大浓度，随之又呈下降趋势[8, 9]。厌氧生物反应器填埋场对有机污染物质的去除效果较好，但受酸化和缺氧环境的影响，氨氮积累现象严重，抑制了微生物的活性，减缓了填埋场稳定化进程。

（2）好氧生物反应器填埋场

在好氧生物反应器填埋场中，污染物质的降解与好氧堆肥以及厌氧生物反应器填埋场初始阶段的好氧降解原理相似。在好氧微生物的作用下，垃圾中的有机物作为营养物质被其分解利用，通过微生物的呼吸作用转化为二氧化碳和水，同时释放出能量[10]。好氧生物反应器填埋场需要通过设备不断地向填埋场内部输送空气，保证填埋场内部始终处于有氧状态。好氧生物反应器填埋场需要外连供氧设备，内设通风管道，导致好氧生物反应器填埋场的设计要比厌氧生物反应器填埋场复杂，运行成本高，且不能回收利用填埋气，其应用受到很大程度的限制。通常情况下，在填埋场运行后期，通过技术手段将厌氧生物反应器填埋场改造为好氧生物反应器填埋场，加快填埋场稳定化进程。

（3）准好氧生物反应器填埋场

准好氧生物反应器填埋场的设计原理是在不提供动力的情况下，利用管道的不满流设计和填埋场的内外压力差，保证外界的空气源源不断地向填埋场内部流动。准好氧生物反应器填埋场内部微生物种类丰富，在靠近管道及覆盖层的部位，微生物以好氧为主，随着距离的增大，微生物的种类逐渐向兼氧型和厌氧型过渡[11,12]。

1975年，日本学者提出了准好氧填埋场的概念。同年，在福冈市建造了第一座准好氧填埋场。1979年，日本厚生省制定的《最终废弃物处置指南》中将准好氧填埋技术作为特别推荐的固体废物处理技术。20世纪80年代初期，日本学者开展了"循环式准好氧填埋"的试验研究。随后，马来西亚、新加坡、印度尼西亚、韩国、中国等多个国家与日本进行技术合作，建成多座准好氧生物反应器填埋场。大量研究表明，准好氧生物反应器填埋场有效结合了好氧和厌氧生物反应器填埋场的优点，具有较好的经济性和实用性，不足之处是不能将填埋气资源化。

（4）联合生物反应器填埋场

厌氧生物反应器填埋场易出现酸积累和氨氮长期居高不下的现象，不利于产甲烷阶段的快速启动；好氧生物反应器填埋场和准好氧生物反应器填埋场能较快地降解垃圾，加快稳定化，但不能回收利用填埋气。部分学者提出，可以将不同类型的生物反应器串联起来构成一个联合体，用以综合不同类型生物反应器填埋场的优点，联合生物反应器填埋场应运而生。常见的几种联合生物反应器填埋场包括厌氧-厌氧联合型和厌氧-好氧联合型，也有部分学者研究了厌氧-厌氧-好氧联合型生物反应器填埋场。

① 厌氧-厌氧联合型。

该种类型的生物反应器填埋场主要由厌氧单元分别与厌氧生物反应器、厌氧矿化垃圾生物反应床、UASB（开流式厌氧污泥床）反应器或者UFB

（厌氧污泥床）反应器串联而成。研究表明，这类生物反应器填埋场与单独的厌氧生物反应器填埋场相比而言，前者对有机物的降解效果更好、速度更快，能够加速填埋场的稳定化进程。该类填埋场的产气量也远远高于厌氧生物反应器填埋场，甚至能达到单独厌氧生物反应器填埋场产气量的十倍以上。当填埋气中CH_4含量超过50%时，填埋气才具有回收利用价值，在厌氧-厌氧联合生物反应器填埋场，CH_4的平均含量超过70%，有利于资源的回收利用[13]。但厌氧环境不利于氨氮的去除，仍存在渗滤液氨氮浓度过高的问题。

② 厌氧-好氧联合型。

通常情况下，厌氧-好氧联合型生物反应器填埋场由厌氧单元与SBR（序批式活性污泥法）反应器或CSTR反应器等串联而成。该类型的生物反应器填埋场兼具厌氧和好氧生物反应器的优点。研究表明，该类型的填埋场有利于含氮有机物的降解，含氮有机物在好氧单元被氧化生成硝酸盐和亚硝酸盐，当重新回灌至厌氧单元时，在反硝化细菌的作用下生成氮气，被完全降解。然而，渗滤液经过好氧单元时，部分氧气会被渗滤液携带至厌氧单元，氧气对产甲烷菌具有毒害作用，不利于产甲烷阶段的启动，甲烷的产量和产气率也有所降低。

综上所述，与厌氧-厌氧生物反应器填埋场相比，该类填埋场最大的优点是解决了氨氮积累问题。但会抑制产甲烷菌的活性，不利于能源的回收。此外，该类型的填埋场需要动力供氧，会在一定程度上增加能源消耗和基建费用。

③ 厌氧-厌氧-好氧联合型。

厌氧-厌氧-好氧联合型生物反应器填埋场是由三个单元串联而成的三级生物反应器。第一个厌氧单元通常为普通的厌氧生物反应器；第二个厌氧单元主要是厌氧型矿化垃圾生物反应床、SBR反应器或UASB反应器等；第三个好氧单元主要为普通的好氧生物反应器、好氧矿化垃圾生物反应床或ALSB反应器等。厌氧-厌氧-好氧生物反应器填埋场对有机物的去除效果比较理想，COD去除率超过了90%，对氨氮的去除率接近100%。该类反应器中，由于好氧单元的存在，甲烷的产气量和产气速率受到一定程度的影响，不利于能源的回收利用。由于串联单元增多，该种类填埋场的结构相对复杂，基建成本、运行成本也相应增高。

生物反应器填埋场是通过渗滤液回灌等主动控制措施提高填埋场内部系统微生物活性的新型固体废弃物处理装置方法。生物反应器填埋场被控制在适宜微生物生长代谢的环境下，增加了微生物新陈代谢的速率，提高了填埋场内部有机物的转化和降解速率。在回灌、蒸发和微生物的新陈代谢作用下，渗滤液的产生量不断减少，特别是在蒸发量大于降雨量的地区，渗滤液可完全用于回灌，无需渗滤液处理设施。生物反应器填埋场的稳定化进程快，后期维护费用也随之降低，填埋场内垃圾的沉降速率大，可以增大填埋场的空间利用率，延长填埋场的服务期。综上所述，生物反应器填埋场在环境效益、经济效益和社会效益三方面均比传统卫生填埋场具有优势。此外，不同类型的填埋场有其各自的特点，应根据当地的经济、社会及地理等各方面的实际情况综合考虑。

5. 循环型填埋场

循环型填埋场是在卫生填埋场的基础上，通过渗滤液回灌、增加营养元素、提高氧含量等调控手段，加速填埋场垃圾稳定化，一般在10~15年后，通过机械手段开采填埋场中的稳定化垃圾，用作生产衍生燃料、填埋场覆盖材料、生物反应填料及建筑材料等，实现稳定化垃圾的充分利用。循环型填埋场将垃圾填埋场从一个单纯的储存垃圾、一次性消耗场地的模式向多功能方向发展，使填埋场除了具有贮存垃圾、隔断污染、生物降解的基本功能，还具备资源储存回用、场地多次利用等附加功能。

综上所述，焚烧技术处理成本高，且对垃圾的热值要求高；好氧堆肥技术和厌氧发酵技术对垃圾分类程度要求高，我国农村生活垃圾的组分不稳定，且村民的垃圾分类意识弱；热解处理技术适用于含水率较低的垃圾，且对操作技术要求高,二次污染风险高;填埋技术对入场生活垃圾的要求低,适宜在我国农村地区应用。不同农村生活垃圾处理处置技术的优势与不足见表2-3。

表2-3　不同农村生活垃圾处理处置技术的优势与不足

处置方式	优势	不足
焚烧	占地面积小;减量化效果好;可回收利用热能	投资大,运行成本高;二次污染严重;对垃圾的热值要求高
填埋	对入场垃圾要求低;成本低;对管理和技术人员的要求低;厌氧填埋可利用填埋气	占地面积大;选址难;稳定化周期长;易造成二次污染
堆肥	能够获得堆肥产品;无害化效果好;周期短	堆肥产品肥效低;对垃圾有机质的含量要求高;堆肥过程臭味大
厌氧消化	占地较少;工艺较简单;资源化效果好	垃圾必须预处理;运营成本高;影响厌氧消化效果的因素多;操作复杂
热解处理	占地少;可回收热能;运输储存方便;具有减量化效果	烟气二次污染风险较高,操作控制要求较高,灰渣和碳回收利用途径受限

参考文献

[1] 那鲲鹏,吴玉璇. 我国农村生活垃圾收运处理系统各环节实施情况及对策建议[J]. 建设科技,2023,(4):26-29.

[2] 岳波,张志彬,黄启飞,等. 我国6个典型村镇生活垃圾的理化特性研究[J]. 环境工程,2014,32(7):105-110.

[3] CAPATINA C,SIMONESCU C M. Management of waste in rural areas of Gorg country,Romania[J]. Environmental Engineering and Management Journal,2008,7(6):717-723.

[4] 段雄伟,高海硕,黎华寿,等. 广东省农村生活垃圾组分及其污染特性分析[J]. 农业环境科学学报,2013,32(7):1486-1492.

[5] POHLAND F G, KIM J C. Microbially mediated attenuation potential of landfill bioreactor systems[J]. Water Science and Technology, 2000, 41（3）: 247-254.

[6] SWIERCZYNSKA A, BOHDZIEWICZ J. Determination of the most effective operating conditions of membrane bioreactor used to industrial wastewater treatment[J]. Environment protection Engineering, 2015, 41（1）: 41-51.

[7] 李启彬, 刘丹, 欧阳峰, 等. 厌氧-准好氧运行加速生物反应器填埋场垃圾稳定的研究[J]. 环境科学, 2006（2）: 371-375.

[8] PHAN HOP V, et al.Biological performance and trace organic contaminant removal by a side-stream ceramic nanofiltration membrane bioreactor[J].International Biodeterioration & Biodegradation, 2016, 113: 49-56.

[9] KAWAN J A, ABU HASAN H, SUJA F, et al. A review on sewage treatment and polishing using moving red bioreactor（MBBR）[J]. Journal of Engineering Science and Technology, 2016, 11（8）: 1098-1120.

[10] 刘志刚, 陶相婉, 孙巍. 好氧生物反应器填埋场的工艺设计优化[J]. 环境工程, 2013（S1）: 493-496.

[11] 王亚楠. 准好氧生物反应器填埋场N_2O产生规律及影响因素研究[D]. 青岛: 青岛理工大学, 2012.

[12] 严勃. 准好氧填埋加速垃圾稳定的现场试验研究[D]. 成都: 西南交通大学, 2007.

[13] AHMADIFAR M, SARTAJ M, Abdallah M. Investigating the performance of aerobic, semi-aerobic, and anaerobic bioreactor landfills for MSW management in developing countries[J]. Journal of Material Cycles and Waste Management, 2016, 18（4）: 703-714.

PART THREE

基于GAHP的农村生活垃圾填埋方案比选

焚烧处置成本高，堆肥产品认可度低，因此，填埋是农村生活垃圾处置的理想技术[1]。针对农村生活垃圾的填埋处置，不能照搬城市的做法，好氧生物反应器填埋场稳定化速度快，但需动力供氧，且对经济和技术的要求也比较高，不适宜在农村地区推广[2]。厌氧生物反应器、准好氧生物反应器以及厌氧-准好氧生物反应器成为较好的备选方案。

处理决策问题时，常用的决策方法主要包括多属性决策理论、字典序数法、层次分析法、多目标规划法、等价代换法等[3,4]。多属性决策理论和字典序数法容易受决策者偏好等主观影响[5]；多目标规划方法是线性规划的一个分支，在决策过程中认为决策问题是线性可加的，这一假定易偏离实际[6]；等价代换法是多目标决策的一种，其使用受目标值单调性的限制；层次分析法（The Analytic Hierarchy Process，AHP）是一种兼具定性与定量优势的方法，能够将复杂的决策问题，通过层层分析、两两对比将其简单化[7]。

近年来，层次分析法方法在科学研究和实际应用中得到了迅速发展。群决策层次分析法（GAHP）是在层次分析法的基础上发展而来的，能够对多个专家给出的结果进行聚合，解决了传统层次分析法中单个专家打分主观性强的问题[8]。

3.1 备选填埋方案的确定

由上一章可知，根据运行方式的不同，生物反应器填埋场可分为厌氧、好氧、准好氧和联合生物反应器填埋场。好氧生物反应器填埋场需要动力设备不断向填埋场内部供氧，操作难度大，运行成本高，不适宜在经济欠发达的农村地区应用。联合生物反应器填埋场由不同类型的填埋场串联而成，能够结合不同类型填埋场的优点。常见的联合生物反应器填埋场为二级和三级串联结构，随着串联单元的增多，结构相对复杂，基建成本、运行成本也相应增高。因此，采用厌氧、准好氧和厌氧-准好氧三种填埋方案作为备选方案。三种备选方案的优势与不足见表3-1。

表3-1 不同填埋方案的优势与不足

填埋方案	优势	不足
厌氧填埋	运行费用低；有利于能源的回收利用	易出现酸积累现象；氨氮浓度长期偏高；稳定化周期长
准好氧填埋	设计简单；投资成本和运行成本低；具有较好的脱氮功能；温室气体产生量少；稳定化周期短	不利于能源的回收利用；仅日本等少数国家掌握其关键技术
厌氧-准好氧填埋	综合厌氧、准好氧填埋的优点，既有利于能源的回收利用，又具有较强的脱氮功能，且稳定化周期短	与准好氧单元串联，产甲烷阶段启动慢

3.2 GAHP 层次模型

3.2.1 GAHP 算法的基本原理

在日常生活中，人们常常要做出各种各样的决策，比如，添置什么家具、选择什么专业等等，这些决策都比较简单。有些决策则比较复杂，例如，资源分配、经济发展规划等问题，在对这些问题进行分析时，常常面临的是一个由相互关联、相互制约的众多因素构成的复杂系统，其决策的复杂性和影响的深远性一般都大大超过了其他决策问题。美国运筹学家，匹兹堡大学萨迪（T.L.Saaty）教授提出了著名的层次分析法。1971年，萨迪曾用层次分析法为美国国防部研究所谓"应急计划"。1977年，萨迪在第一届国际数学建模会议上发表了《无结构决策问题的建模——层次分析法》。从那时起，层次分析法开始引起人们的注意，并逐步应用于计划制定、资源分配、方案排序、政策分析、冲突求解及决策预报等相当广泛的领域中。

层次分析法是一种定量与定性相结合，将人的主观判断用数量形式表达和处理的方法。它改变了长期以来决策者与决策分析者之间难于沟通的状态。在大部分情况下，决策者可直接使用层次分析法进行决策，大大提高了决策的有效性、可靠性和可行性。层次分析法算法的核心是对影响复杂问题决策的因素进行对比分析，根据影响因素之间的支配关系进行分层，每一层都有定性规定的准则，同一层的因素在准则下进行两两对比，通过对比构建出判断矩阵，计算出该层因素相对其准则下的权重。最后，计算每个因素相对于总目标的权重，得出不同方案的权重，进而选择出最优方案。

群决策层次分析法是在层次分析法的基础上发展而来的，其基本原理与层次分析法类似。不同的是，群决策层次分析法需要将多个专家给出的数据进行集结，常见的数据集结方法包括判断矩阵集结和计算结果集结。前者是将每个专家的判断矩阵进行整合，形成一个共识判断矩阵，再计算各个指标的权重，从而得到综合排序结果，适用于方案的比选。

3.2.2 GAHP 算法的步骤

运用群决策层次分析法解决问题的基本步骤与层次分析法类似，包括四个基本步骤，依次为：建立递阶层次结构、构造判断矩阵、计算单一准则下的权重以及计算各层元素组合权重[16]。二者的区别仅存在于构造判断矩阵部分，群决策层次分析法需要构造出群决策判断共识矩阵。群决策层次分析法算法的具体步骤如下：

1. 建立递阶层次结构

建立递阶层次结构是整个过程中最重要的步骤。决策者将需要解决的问题分解成多个元素，再根据属性将元素分解为多个组，构成多个从属层次，上一层次是下一层次的准则，下一层次元素受上一层次元素的支配，这种支配作用可以是完全的，也可以是不完全的。一个递阶层次结构的最上面是目标层，顾名思义，目标层即决策要达到的目标；中间层为准则层，准则层可以是多个阶梯层次；最底层是方案层。

问题的复杂程度决定了递阶层次结构的层数以及涉及元素的数目，层数和元素数目越多，结构越复杂，运算量也就越大。递阶层次结构的基本形式如图3-1所示。

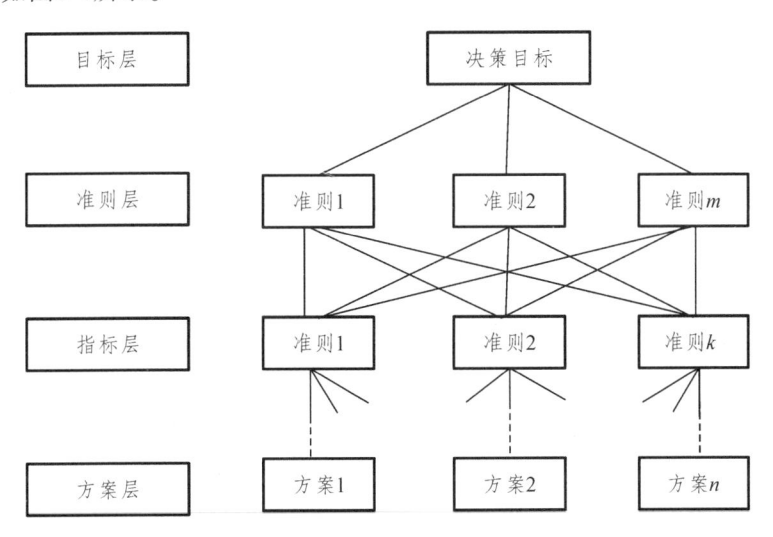

图3-1 递阶层次结构模型

2. 构造判断矩阵

构造判断矩阵的基础是建立递阶层次结构，递阶层次结构中的上一层次是下一层次的准则，下一层次隶属于上一层次。假设上一层次C_k对下一层次的元素$A_1, A_2, \cdots, A_n$具有支配关系，计算目的是在准则C_k下，分别计算出元素$A_1, A_2, \cdots, A_n$的权重，层次分析法通过元素间的两两比较获取各个元素的权重，判断矩阵中的数值由专家根据标度法将元素两两比对后进行赋值，常见的标度法有三标度法和1~9标度法。

三标度法：元素的赋值只能是0、1和2。a_{ij}表示元素i和j比较的相对权重，赋值规则如下：

$$a_{ij} = \begin{cases} 0 & \text{表示}i\text{没有}j\text{重要} \\ 1 & \text{表示}i\text{和}j\text{同等重要} \\ 2 & \text{表示}i\text{比}j\text{重要} \end{cases} \quad (3\text{-}1)$$

1~9标度法：该标度法是一种将思维判断数量化的方法，适用于大多数的决策判断问题。该方法中元素的赋值为1~9，标度的含义见表3-2。

表3-2　1~9标度的含义

标度	标度的含义
1	表示两个元素相比，具有同样重要性
3	表示两个元素相比，一个元素比另一个元素稍微重要
5	表示两个元素相比，一个元素比另一个元素明显重要
7	表示两个元素相比，一个元素比另一个元素强烈重要
9	表示两个元素相比，一个元素比另一个元素极端重要

注：2，4，6，8为相邻判断的中值，重要性介于上下两个标度的中间。

获取群决策判断共识矩阵的方法主要为判断矩阵加权几何平均法和判断矩阵加权算术平均法。由于加权几何平均法可保持矩阵的互反性，当所有的个体判断矩阵都是一致性矩阵时，可保证群判断矩阵也具有一致性，所以采用加权几何平均法获得群决策判断的共识矩阵。

3. 计算单一准则下元素的权重

该步骤须计算出在准则C_k下，元素A_1，A_2，…，A_n的相对权重，并对矩阵进行一致性检验。层次分析法计算的根本目的是计算判断矩阵的最大特征根λ_{max}及其所对应的特征向量W。常用的计算方法有和积法、方根法和幂法。前两者是近似算法，幂法依赖计算机进行，可以得到任意精度的最大

特征根 $\lambda_{\max}$ 和其对应的特征向量。计算过程如下：

（1）设 δ_1，δ_2，δ_3，$\cdots$，δ_n 为判断矩阵 A 的特征值，且满足：$|\delta_1|>|\delta_2|\geq|\delta_3|\geq\cdots\geq|\delta_n|$，与之对应的特征向量依次为 μ_1，μ_2，μ_3，$\cdots$，μ_n，若 $\exists\, x^{(0)}\neq 0$，则一定存在 α_1，α_2，α_3，$\cdots$，α_n，使得 $x^{(0)}=\sum_{j=1}^{n}\alpha_j\mu_j$。

（2）利用迭代公式 $x^{(k+1)}=AX^{(k)}$，$k=0,1,2,\cdots$，得到 $\{x^{(0)},x^{(1)},mx^{(2)}\cdots\}$，继而得到：

$$X^{(k+1)}=AX^{(k)}=A^k x^{(0)}=A^k\sum_{j=1}^{n}\alpha_j\mu_j=\sum_{j=1}^{n}\alpha_j\delta k_j\mu_j=\delta_1^k[\alpha_1\mu_1+\sum_{j=2}^{n}\alpha j(\alpha_j/\alpha_1)^k\mu_j]$$

假设 $|\delta_j/\delta_1|<1,2,3,\cdots,n$，当 k 趋于无穷时，上式中的 $\sum_{j=2}^{n}\alpha j(\alpha_j/\alpha_1)^k\mu_j$ 就会趋于零。因此，当 $\alpha_i\neq 0$ 时，$A^k X^{(0)}\approx\delta_1^k\alpha_1\mu_1$。当 k 足够大时，$x^{(k)}$，$x^{(k+1)}$ 的第 i 个分量：

$$\frac{x_i}{x_i^{(k)}}x_i^{(k+1)}=\frac{(A^k x^{(0)})_i}{(A^{k-1}x^{(0)})_i}\approx\delta_1$$

则与 $x^{(k)}$ 为其特征向量的近似估计值；当 $k\to+\infty$ 时，若 $|\delta_1|>1$，则 $|\delta_1^k|\to+\infty$，计算效果失去意义；若 $|\delta_1|<1$，则 $|\delta_1^k|\to 0$，同样，计算效果没有意义。因此，应该将每次迭代产生的向量的最大分量变为1，具体做法如下：

令 $\alpha=\max\{x_i^{(k)}|i=1,2,3,\cdots,n\}$

$$y^{(k)}=\frac{1}{\alpha}x^{(k)}$$

$$x_i^{(k+1)}=Ay^{(k)}\frac{1}{2}$$

参考以上计算方法，若相邻两项所得 α 的差值足够小，那么 α 就是最大特征值的近似值，$x^{(k)}$ 则为特征向量。

（3）将特征向量进行归一化处理，得到 ω，则 $\omega=(\omega_1,\omega_2,\omega_3,\cdots,\omega_n)^\mathrm{T}$

即为在标准准则下的权重，其中 $\omega_i = \mu / \sum_{i=1}^{n} \mu_i$。

（4）一致性检验。

① 计算一致性指标 C.I.。

$$C.I. = \frac{\lambda_{\max} - n}{n - 1} \quad (3\text{-}2)$$

其中，n 为 A 的阶数。

② 平均随机一致性指标 R.I.。

该指标是常数，无需额外计算，许树柏等[17]给出了 1~15 阶重复计算 1 000 次的 R.I. 值，表 3-3 中列出了 1~8 阶的值。

表 3-3　1~8 阶矩阵随机一致性指标对照表

阶数	1	2	3	4	5	6	7	8
R.I.	0	0	0.52	0.89	1.12	1.26	1.36	1.41

③ 计算一致性比例 C.R.。

$$C.R. = \frac{C.I.}{R.I.} \quad (3\text{-}3)$$

当 C.R. < 0.1 时，一致性可接受。

4. 计算各层元素的组合权重

在前三个步骤的基础上，计算所有元素的组合权重。这一步骤需要由上而下逐层进行，最终得出决策方案的相对权重和整个模型的判断一致性检验。

3.2.3　GAHP 分析软件 yaahp 简介

yaahp（Yet Another AHP）是一款层次分析法辅助软件，能够为使用层次分析法的决策过程提供模型构造、计算和分析等方面的帮助。yaahp 具有以下特点：第一，能够构造层次结构模型，使用 yaahp 绘制层次模型非常直观方便，用户能够把注意力集中在决策问题上。通过便捷的模型编辑功能，用户可以方便地更改层次模型，为思路的整理提供帮助。如果需要撰写文档或报告讲解，还可以直接将层次模型导出，不再需要使用其他软件重新绘制层次结构图。第二，使用yaahp，在输入判断矩阵数据时，软件能根据数据变化实时显示判断矩阵的一致性比例，对于不一致的判断矩阵，yaahp还可以实时地显示当前对一致性影响最大的元素，方便用户掌握情况做出调整。第三，yaahp提供了不一致判断矩阵自动修正功能。该功能考虑人们决策时的心理因素，在最大程度保留专家决策数据的前提下修正判断矩阵，使之满足一致性比例。第四，在实际决策过程中，可能需要向众多专家收集调查问卷，专家通过调查问卷给出的数据可能是不完整的，yaahp提供了残缺但可接受判断矩阵的计算功能，一个判断矩阵可以在最少仅输入（$n-1$）个数据的情况下进行计算；第五，通过灵敏度分析，能够确定某个要素权重发生变化时，对各个备选方案权重产生了什么样的影响，从而引导用户在更高的层次作出决策。利用yaahp提供的灵敏度分析功能，能够查看备选方案权重随不同要素变化而变化的情况、备选方案权重排序改变情况等，还可以动态地观察要素权重变化对备选方案权重的影响，并且能够生成灵敏度分析报告；第六，yaahp提供了调查表生成功能，该功能可以根据层次模型和设定文本自动生成一份调查表，不做修改或稍作修改就能够向专家分发；第七，利用yaahp输出的数据详细，包括权重分布、判断矩阵列表显示和所有数据列表显示三种形式。

3.2.4 问卷调查步骤

传统的层次分析法由一个专家进行赋值，分析结果受专家主观影响大，易出现偏差。群决策层次分析法有效解决了这一问题，得到的分析结果可信度高。选用yaahp软件进行群决策分析的具体步骤如下：

1. 生成调查表

在建立递阶层次结构模型之后，利用yaahp V10.5能够自动生成Excel 2003版本的专家调查问卷，调查问卷的内容包括标题、摘要、说明、内容和感谢语五部分。调查表中的数据由专家两两对比后给出，除了专家需要输入数据的空格外，其余内容是无法更改的。

2. 专家的选取

专家的选择结果直接影响方案比选结果的可信度。因此，本研究所选取的5位专家的工作年限均在10年以上。5位专家分别为高校环境工程专业教授（2人）、某设计院从事填埋场设计的高级工程师（1人）、某环保公司高级工程师（1人）以及某环境监测站高级工程师（1人）。

3. 调查数据分析

将专家返回的调查表导入yaahp V10.5软件中，对数据进行分析，具体步骤包括：（1）对专家给出的数据进行初步分析，yaahp V10.5软件自带残缺矩阵自动补全和不一致矩阵自动修正的功能；（2）在软件中输入各个专家调查表的权重；（3）选择专家数据的聚合方式，yaahp V10.5软件提供了判断矩阵集结和计算结果集结两种聚合方式，前者适用于各个专家需达成一致的情况，后者在综合专家之间的不同意见时使用，本研究需要确定一个最优的方案，应选择前者；（4）获取共识矩阵。软件提供了几何平均求均值和算数平均求均值两种方法，前者可以很好的保持矩阵的互反性，本研究选用几何平均求共识矩阵。

3.3 农村生活垃圾填埋方案比选

近年来，城市生活垃圾的处理处置在政府管理下取得了很大进步，农村生活垃圾的处理处置情况并不乐观。造成这一局面的原因是多方面的，在选择适宜农村地区推广的生活垃圾处理处置技术时，应该从经济、技术、社会、环境等多个方面综合考量。

3.3.1 建立阶梯层次结构

为研究不同填埋方案在农村生活垃圾处理处置上的适用性，本研究设置了填埋方案比选的递阶层次结构，如图3-2所示。该模型包括四个层次，由上至下依次包括：

（1）目标层A：填埋方案，即决策的目标。

（2）准则层B：该层包含经济性B_1、社会影响B_2、环境影响B_3以及技术创新B_4四个影响填埋方案选择的重要元素。

（3）指标层C：该层共包含10个元素。投资成本C_1和运行成本C_2隶属于经济性B_1；可持续性C_3、资源化C_4和公众满意度C_5隶属于社会影响B_2；环境友好性C_6及稳定周期C_7隶属于环境影响B_3；技术先进性C_8、操作安全性C_9及技术可靠性C_{10}隶属于技术创新B_4。

（4）方案层：设定了厌氧、准好氧和厌氧-准好氧三种填埋方案。

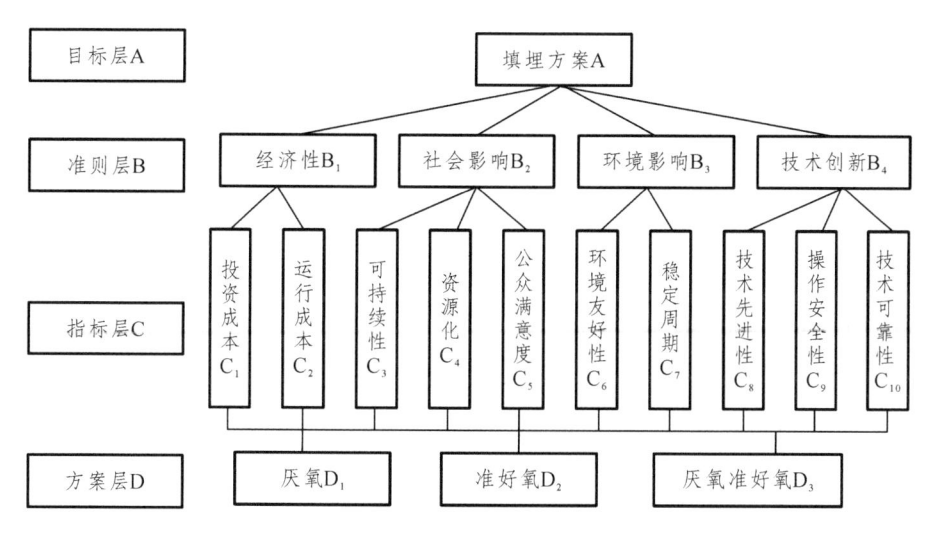

图3-2 填埋方案比选阶梯层次结构

3.3.2 判断矩阵的构造及计算

根据3.2.2节中介绍的1~9标度法,构造出各元素在上层准则下的判断矩阵,元素的相对重要性由5位专家进行判断。

1. 准则上层判断矩阵

(1) 目标A对B_1~B_4建立的判断矩阵A为

$$\begin{bmatrix} 1.0000 & 0.9883 & 0.4353 & 3.2023 \\ 1.0118 & 1.0000 & 0.7071 & 2.6564 \\ 2.2974 & 1.4142 & 1.0000 & 3.0876 \\ 0.3123 & 0.3764 & 0.3239 & 1.0000 \end{bmatrix}$$

按照幂法计算出矩阵的最大特征根和权重依次为

$\lambda_{\max} = 4.0668$

$w = (0.2430, 0.2580, 0.4003, 0.0987)^T$

根据式(3-2)和式(3-3)计算得一致比例$C.R.=0.0250$。

$C.R. < 0.1$,矩阵满足一致性要求。专家给出的数据统计结果表明,农村生活垃圾填埋方案的选择应首先考虑填埋方案对环境的影响程度,比如温室气体的排放、对地下水的影响等;经济性和社会影响两个指标所占的比重较为接近,分别为0.2430和0.2580;技术因素所占的比重最小,为0.0987。

(2) 指标B_1对C_1~C_2建立的比较判断矩阵B_1为

$$\begin{bmatrix} 1.0000 & 0.7579 \\ 1.3195 & 1.0000 \end{bmatrix}$$

按照幂法计算出矩阵的最大特征根和权重依次为

$\lambda_{\max} = 2$

$w = (0.4311, 0.5689)^T$

根据式(3-2)和式(3-3)计算得一致比例$C.R.=0$。

$C.R. < 0.1$,矩阵满足一致性要求。专家给出的数据统计结果表明,在

填埋场的经济性指标中，投资成本和运行成本所占的比重差别不大，运行成本略高于投资成本。

（3）指标B_2对C_3~C_5建立的判断矩阵$\boldsymbol{B}_2$为

$$\begin{bmatrix} 1.0000 & 0.4082 & 0.2236 \\ 2.4495 & 1.0000 & 0.4611 \\ 4.4721 & 2.1689 & 1.0000 \end{bmatrix}$$

按照幂法计算出矩阵的最大特征根和权重依次为

$\lambda_{\max}=3.0033$

$\boldsymbol{w}=(0.1242,0.2873,0.5884)^T$

根据式（3-2）和式（3-3）计算得一致比例$C.R.=0.0032$。

$C.R.<0.1$，矩阵满足一致性要求。专家给出的数据统计结果表明，在社会影响这一指标中，公众满意度所占的权重最大，其次为资源化，可持续性所占的比重最小。这一结果表明，在选择农村生活垃圾填埋方案时，应注重公众对方案的认可程度，尤其是应得到填埋场周边居民的认同。

（4）指标B_3对C_6~C_7建立的判断矩阵$\boldsymbol{B}_3$为

$$\begin{bmatrix} 1.0000 & 2.3647 \\ 0.4229 & 1.0000 \end{bmatrix}$$

按照幂法计算出矩阵的最大特征根和权重依次为：

$\lambda_{\max}=2.0$

$\boldsymbol{w}=(0.7028,0.2972)^T$

根据式（3-2）和式（3-3）计算得一致比例$C.R.=0$。

$C.R.<0.1$，矩阵满足一致性要求。在环境影响方面，环境友好性和稳定化周期所占的比重分别为0.7028和0.2972。这一结果表明，在选择农村生活垃圾填埋方案时，应首先考虑其对大气、水、土壤等环境的友好程度，其次，稳定化周期也是影响环境因素的考量指标，稳定化周期越短，对环境带来的威胁越小。

（5）指标B_4对$C_8 \sim C_{10}$建立的判断矩阵$\boldsymbol{B}_4$为

$$\begin{bmatrix} 1.0000 & 0.3658 & 0.3147 \\ 2.7339 & 1.0000 & 0.7071 \\ 3.1777 & 1.4142 & 1.0000 \end{bmatrix}$$

按照幂法计算出矩阵的最大特征根和权重依次为

$\lambda_{max} = 3.0043$

$\boldsymbol{w} = (0.1438, 0.3683, 0.4879)^T$

根据式（3-2）和式（3-3）计算得一致比例$C.R.=0.0041$。

$C.R. < 0.1$，矩阵满足一致性要求。在技术创新这一指标中，操作的安全性和技术的可靠性所占的比重较大，分别为0.3683和0.4879，专家对是否促进产业技术的发展关注程度低。在农村地区，技术和管理人才缺乏，应选择易于操作、技术可靠的填埋方案。

2. 准则下层判断矩阵

（1）指标C_1对$D_1 \sim D_3$建立的判断矩阵$\boldsymbol{C}_1$为

$$\begin{bmatrix} 1.0000 & 0.7155 & 2.2587 \\ 1.3977 & 1.0000 & 2.3522 \\ 0.4427 & 0.4251 & 1.0000 \end{bmatrix}$$

按照幂法计算出矩阵的最大特征根和权重依次为

$\lambda_{max} = 3.0096$

$\boldsymbol{w} = (0.3629, 0.4598, 0.1772)^T$

根据式（3-2）和式（3-3）计算得一致比例$C.R.=0.0093$。

$C.R. < 0.1$，矩阵满足一致性要求。就投资成本而言，专家给出的判断结果为，准好氧填埋方案最优，其次为厌氧填埋方案，厌氧-准好氧填埋方案因结构相对复杂，设计和基建成本高于厌氧和准好氧填埋方案，三者所占的权重分别为0.3629、0.4598和0.1772。

（2）指标C_2对D_1~D_3建立的判断矩阵C_2为

$$\begin{bmatrix} 1.0000 & 0.3854 & 0.8360 \\ 4 & 1.0000 & 2.3522 \\ 1.1962 & 0.4251 & 1.0000 \end{bmatrix}$$

按照幂法计算出矩阵的最大特征根和权重依次为

$\lambda_{max}=3.0007$

$\boldsymbol{w}$=（0.2070，0.5519，0.2411）^{T}

根据式（3-2）和式（3-3）计算得一致比例$C.R.=0.0007$。

$C.R. < 0.1$，矩阵满足一致性要求。就运行成本而言，准好氧填埋方案最优，所占的权重为0.5519，厌氧填埋和厌氧-准好氧填埋方案的权重较为接近。

（3）指标C_3对D_1~D_3建立的判断矩阵C_4为

$$\begin{bmatrix} 1.0000 & 1.6917 & 0.5610 \\ 0.5911 & 1.0000 & 0.3439 \\ 1.7826 & 2.9077 & 1.0000 \end{bmatrix}$$

按照幂法计算出矩阵的最大特征根和权重依次为

$\lambda_{max}=3.0001$

$\boldsymbol{w}$=（0.2977，0.1781，0.5242）^{T}

根据式（3-2）和式（3-3）计算得一致比例$C.R.=0.0001$。

$C.R. < 0.1$，矩阵满足一致性要求。就可持续性而言，专家认为厌氧-准好氧填埋方案最优，所占的权重为0.5242，其次为厌氧填埋方案，准好氧填埋方案可持续性效果最差。

（4）指标C_4对D_1~D_3建立的判断矩阵C_4为

$$\begin{bmatrix} 1.0000 & 2.6531 & 1.4142 \\ 0.3769 & 1.0000 & 0.4302 \\ 0.7071 & 2.3246 & 1.0000 \end{bmatrix}$$

按照幂法计算出矩阵的最大特征根和权重依次为

$\lambda_{\max}$ =3.0051

w=（0.4738，0.1663，0.3599）^{T}

根据式（3-2）和式（3-3）计算得一致比例 $C.R.$=0.0049。

$C.R.$ < 0.1，矩阵满足一致性要求。就资源化这一指标而言，三种方案的优先顺序为厌氧填埋、厌氧准好氧填埋和准好氧填埋。厌氧填埋和厌氧准好氧填埋均能够回收利用填埋气，而准好氧填埋方案不能回收填埋气，资源化效果差。

（5）指标C_5对$D_1 \sim D_3$建立的判断矩阵C_5为

$$\begin{bmatrix} 1.0000 & 0.7071 & 0.3298 \\ 1.4142 & 1.0000 & 0.4082 \\ 3.0318 & 2.4495 & 1.0000 \end{bmatrix}$$

按照幂法计算出矩阵的最大特征根和权重依次为

$\lambda_{\max}$ =3.0020

w=（0.1811，0.2450，0.5740）^{T}

根据式（3-2）和式（3-3）计算得一致比例 $C.R.$=0.0019。

$C.R.$ < 0.1，矩阵满足一致性要求。就公众满意度而言，厌氧-准好氧填埋方案最符合公众的心理期望，该种填埋方案既能回收利用填埋气，又能缩短稳定化周期，减少对周边环境的影响程度。

（6）指标C_6对$D_1 \sim D_3$建立的判断矩阵C_6为

$$\begin{bmatrix} 1.0000 & 2.4630 & 1.2180 \\ 0.4060 & 1.0000 & 0.5417 \\ 0.8210 & 1.8462 & 1.0000 \end{bmatrix}$$

按照幂法计算出矩阵的最大特征根和权重依次为

$\lambda_{\max}$ =3.0009

w=（0.4515，0.1889，0.3596）^{T}

根据式（3-2）和式（3-3）计算得一致比例 $C.R.$=0.0009。

$C.R.$ < 0.1，矩阵满足一致性要求。就环境友好性这一指标而言，三种

填埋方案的优先顺序为厌氧填埋、厌氧-准好氧填埋以及准好氧填埋。

（7）指标C_7对$D_1 \sim D_3$建立的判断矩阵C_7为

$$\begin{bmatrix} 1.0000 & 0.3038 & 0.3101 \\ 3.2916 & 1.0000 & 1.6245 \\ 3.2245 & 0.6156 & 1.0000 \end{bmatrix}$$

按照幂法计算出矩阵的最大特征根和权重依次为

$$\lambda_{max} = 3.0240$$

$$w = (0.1315, 0.5053, 0.3632)^T$$

根据公式（3-2）和（3-3）计算得一致比例$C.R. = 0.0231$。

$C.R. < 0.1$，矩阵满足一致性要求。就稳定化周期这一指标而言，专家认为准好氧填埋方案的稳定化周期最短，厌氧-准好氧填埋方案次之，厌氧填埋方案稳定化周期最长。

（8）指标C_8对$D_1 \sim D_3$建立的判断矩阵C_8为

$$\begin{bmatrix} 1.0000 & 0.8706 & 0.3184 \\ 1.1487 & 1.0000 & 0.4801 \\ 3.1405 & 2.0828 & 1.0000 \end{bmatrix}$$

按照幂法计算出矩阵的最大特征根和权重依次为

$$\lambda_{max} = 3.0082$$

$$w = (0.1951, 0.2454, 0.5595)^T$$

根据式（3-2）和式（3-3）计算得一致比例$C.R. = 0.0079$。

$C.R. < 0.1$，矩阵满足一致性要求。就技术先进性这一指标而言，专家认为厌氧-准好氧填埋方案更能够促进产业技术的发展。

（9）指标C_9对$D_1 \sim D_3$建立的判断矩阵C_9为

$$\begin{bmatrix} 1.0000 & 0.5296 & 1.5157 \\ 1.8882 & 1.0000 & 2.2587 \\ 0.6598 & 0.4427 & 1.0000 \end{bmatrix}$$

按照幂法计算出矩阵的最大特征根和权重依次为

λ_{max} =3.0062

w=(0.2891, 0.5045, 0.2064)^T

根据式（3-2）和式（3-3）计算得一致比例 $C.R.$=0.0060。

$C.R.$ < 0.1，矩阵满足一致性要求。对操作安全性这一指标而言，准好氧填埋方案更具优势，因其运行较为简单，操作安全性最高。

（10）指标C_{10}对$D_1 \sim D_3$建立的判断矩阵C_{10}为

$$\begin{bmatrix} 1.0000 & 0.8360 & 2.1435 \\ 1.1962 & 1.0000 & 2.5508 \\ 0.4665 & 0.3920 & 1.0000 \end{bmatrix}$$

按照幂法计算出矩阵的最大特征根和权重依次为

λ_{max} =3.0000

w=(0.3757, 0.4487, 0.1756)^T

根据式（3-2）和式（3-3）计算得一致比例 $C.R.$=0。

$C.R.$ < 0.1，矩阵满足一致性要求。就技术可靠性而言，准好氧填埋方案在东南亚已有很多工程实例，厌氧填埋技术在国外工程中也有实例，二者的技术更加可靠。

3.3.3 计算组合权重

汇总3.3.2节中单一准则下的权重值及排序，结果见表3-4。

由表3-4可以看出，对于准则层B，各元素所占的组合权重由大到小依次为：环境影响B_3、社会影响B_2、经济性B_1以及技术创新B_4。在选择填埋场类型时，应首先考虑该类型填埋场对环境的影响，比如，填埋场的稳定化周期、温室气体的排放量、臭气的排放量以及对地下水的影响等；其次，应该考虑该类型填埋场的建立对周边社会的影响，比如，填埋场周边公众的满意度和资源化程度等；再次，在经济欠发达的农村地区，地方财政收入较城市少，经济方面的因素成为影响填埋场类型选择的重要因素；最后，技术方面的因素也在一定程度上影响填埋场类型的选择，比如，填埋场技

3 基于 GAHP 的农村生活垃圾填埋方案比选

术的成熟度（技术可靠性和操作安全性）。

对于准则C，从表3-4可得，10个元素的组合权重如下：

w=（C_1，C_2，C_3，C_4，C_5，C_6，C_7，C_8，C_9，C_{10}）^{T}=（0.1048，0.1382，0.0320，0.0741，0.1518，0.2814，0.1190，0.0142，0.0363，0.0481）^{T}

在准则C层，权重最大的是环境友好性C_6，组合权重系数为0.2814，隶属于环境影响B_3；其次是公众满意度C_5，组合权重系数为0.1518，隶属于社会影响B_3，再次是运行成本C_2，组合权重系数为0.1382，隶属于经济性B_1。此外，在技术创新B_4准则下，技术可靠性C_{10}所占的比重最大。

表3-4 各评价指标权重及排序

层次	B_1 0.2430	B_2 0.2580	B_3 0.4003	B_4 0.0987	C层权重	排序
C_1	0.4311				0.1048	5
C_2	0.5689				0.1382	3
C_3		0.1242			0.0320	9
C_4		0.2873			0.0741	6
C_5		0.5884			0.1518	2
C_6			0.7028		0.2814	1
C_7			0.2972		0.1190	4
C_8				0.1438	0.0142	10
C_9				0.3683	0.0363	8
C_{10}				0.4879	0.0481	7

3.3.4 确定最优方案

根据对准则上层判断矩阵和准则下层判断矩阵运算所得到的权重系数，可计算出三种备选方案的层次总权重为（0.3128，0.3364，0.3508）^{T}，优先顺序为D_3、D_2、D_1。因此，厌氧-准好氧填埋更适合在农村地区推广。

综上所述，根据各类型生物反应器填埋场的特点，初步确定厌氧、准好氧以及厌氧-准好氧三种作为适合在农村地区推广应用的填埋方案。基于群决策分析原理，以农村生活垃圾埋场类型的选择为决策目标，对该问题进行分解，得到经济性、社会影响、环境影响以及技术创新四个层次，并进一步分解成10个元素，建立了层次分析法递阶层次结构模型，对厌氧填埋、准好氧填埋以及厌氧-准好氧填埋三个方案进行比选。评价结果显示，三个方案的层次总权重为（0.3128，0.3364，0.3508）^{T}，优先顺序为D_3、D_2、D_1。综合考虑，厌氧-准好氧填埋更适合在农村地区推广。

参考文献

[1] 胡春云，谢斐，陈鹏. 城镇生活垃圾利用处理技术分析[J]. 能源与节能，2022，（8）：79-81+134.

[2] 李红，郑敏，刘丹. 厌氧-准好氧生物反应器填埋场产酸期最优工况试验研究[J]. 科学技术与工程，2017，17（12）：304-307.

[3] 吴华军. 老府河水污染控制方案多属性决策研究[D]. 武汉：华中科技大学，2006.

[4] 郭晓娟. 几种多属性决策方法与应用研究[D]. 成都：西南交通大学，2008.

[5] 吴雷平. 电力工程项目可研方案比选方法研究[D]. 北京：华北电力大学（北京），2011.

[6] 张大林，朱昌. 多目标规划原理及其应用[J]. 科技视界，2019，（9）：127-130.

[7] 刘豹，许树柏，赵焕臣等. 层次分析法——规划决策的工具[J]. 系统工程，1984，（2）：23-30.

[8] 郭永辉，尚战伟，邹俊国等. 群决策关键问题研究综述[J]. 统计与决策，2016，（24）：63-67.

[9] 操建华. 乡村振兴视角下农村生活垃圾处理[J]. 重庆社会科学，2019，（6）：44-54.

[10] 李红. 泸州地区农村生活垃圾处置对策[J]. 安徽农学通报，2019，25（22）：123-124.

[11] 魏俊，赵由才，牛冬杰. 小城镇生活垃圾污染现状与防治对策[J]. 四川环境，2005，（6）：92-95.

[12] 李红. 泸州市城乡居民垃圾分类意愿与行为现状调查研究[J]. 安徽农学通报，2021，27（13）：173-175.

[13] 陈佳蕊，许泽胜，张毅，等. 北京市生活垃圾处理模式发展历程的研究[J]. 应用化工，2022，51（11）：3323-3326+3332.

[14] 胡林飞，方旭东. 城市生活垃圾处置和利用技术分析[J]. 资源节约与环保，2021，（6）：137-138.

[15] 唐宁，王成，杜相佐. 重庆市乡村人居环境质量评价及其差异化优化调控[J]. 经济地理，2018，38（1）：160-165+173.

[16] 刘玉露，胡万欣，胡怡玮. 基于多属性群决策层次分析的预防性养护措施决策研究[J]. 公路工程，2014，39（5）：342-346.

[17] 许树柏. 层次分析方法中一种新的动态排序模型[J]. 系统工程学报，1986，（2）：42-55.

4

PART FOUR

厌氧-准好氧生物反应器填埋场室内模拟试验

在前面章节中,通过比选得出厌氧-准好氧生物反应器填埋场适宜在农村地区推广。为进一步探究厌氧-准好氧生物反应器填埋场处理农村生活垃圾过程中气相、液相、固相指标的变化规律,在室内开展了模拟试验。

4.1 试验装置与材料

4.1.1 试验装置

试验共设置了7组生物反应器填埋场模拟装置,记为R1~R7。其中,R1和R2为对比组,均为一个填埋单元,运行方式分别为厌氧和准好氧;R3~R7为厌氧-准好氧生物反应器填埋场模拟装置,每组均有两个填埋单元(Ⅰ和Ⅱ),以R3为例,R3-Ⅰ为厌氧单元,R3-Ⅱ为准好氧单元。R4~R7主要用于正交试验设计,本章不做具体分析。

模拟装置的主体采用PVC圆柱,高度记为h,直径记为d,h=1 100 mm,d=300 mm。在模拟装置由下到上三分之一高度处设置温度测量孔,孔内预埋金属温度计,在二分之一高度处设置垃圾取样口,采样口用法兰结构密封。

室内模拟装置各单元密封盖的顶部均设有渗滤液回灌孔和沉降测量孔,分别位于直径的三分之一和三分之二处,回灌孔与密封盖内侧的水平补水管道相连接。垃圾柱与密封盖之间垫有密封垫,两部分采用法兰结构进行连接。模拟装置底部设置直径φ=25 mm的渗滤液收集管。此外,在准好氧单元内部,设有直径φ=25 mm导气管,导气管管壁均匀分布φ=2 mm

的小圆孔，总开孔率为12.5%，导气管穿过模拟装置上部的密封盖与外界相通。

各填埋单元由下到上分别为：砾石层（$h_1=20$ cm）、双层土工布、垃圾层（准好氧单元$h_2=80$ cm，厌氧单元$h_2=90$ cm）、砾石层（$h_3=50$ cm）。厌氧-准好氧生物反应器填埋场室内模拟装置如图4-1所示。

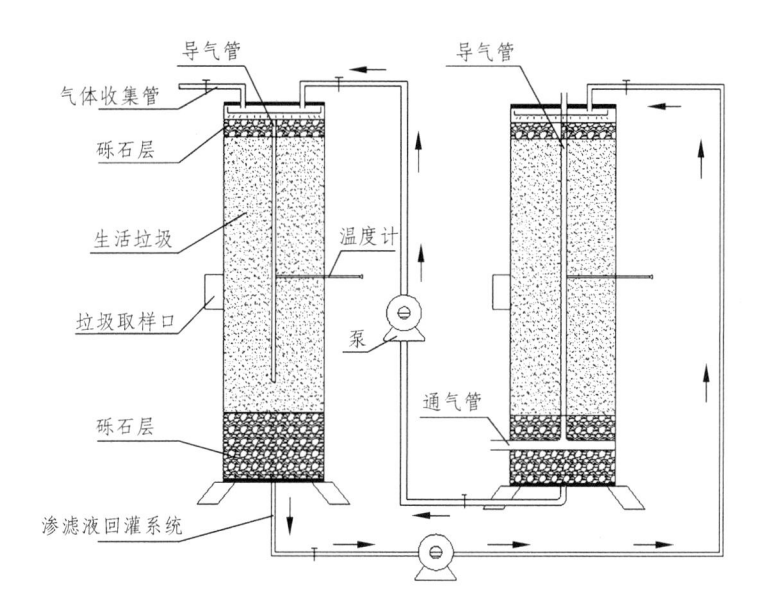

图4-1　厌氧-准好氧生物反应器填埋场模拟装置

4.1.2　试验材料

经实地调研发现，成都周边的农村城镇化程度极高。因此，将农村生活垃圾的取样点选在成都市辖区内偏远的都江堰市崇义镇新华村。

崇义镇水力资源丰富，素有"天然粮仓"的美誉。当地居民的主要经济来源为花卉苗木种植和优质蔬菜种植。试验材料取自成都地区都江堰市崇义镇新华村的6个采样点，该地为"5·12"大地震灾后重建点，取样点周边农民的主要经济来源为优质蔬菜的种植，属于典型的新农村。

1. 组分

试验选用的农村生活垃圾组分特性见表4-1。

表4-1　样品生活垃圾组分特性

组分	质量分数/%	组分	质量分数/%
厨余类	52.17	砖瓦陶瓷类	1.76
纸类	14.07	玻璃类	2.06
橡塑类	15.32	金属类	0.50
纺织类	10.77	其他类	0.20
木竹类	2.40	混合类	0.75

由表4-1可知，在农村生活垃圾中，厨余类所占的比重最大，为52.17%；橡塑类、纸类和纺织类也是生活垃圾的重要组成部分，所占质量分数分别为15.32%、14.07%和10.77%。分析其原因，首先，取样季节为秋季，都江堰市是有名的水果之乡，果皮所占的比重相对较大，这导致样品垃圾中厨余类所占的比重较大；其次，近年来，该地区经济水平迅速提高，农民的生活水平也相应提高，导致厨余类垃圾增多；再次，灾后重建的小区为6层楼房，养猪农户所占的比例下降，这也导致了厨余垃圾质量分数较高。居民经济水平和生活水平的提高增强了农民的购买能力，包装物的含量也随之增加，塑料质以及纸质的包装物是塑料类和纸类的主要组成部分。纺织类在垃圾组分中占第四位，主要由婴儿纸尿裤和废旧的衣物等组成。木竹类的主要构成部分为树枝。

2. 物化特性

试验所选用的生活垃圾干基物化特性见表4-2。

表4-2 样品生活垃圾干基物化特性

类别	含水量/%	可燃分/%	灰分/%	BDM/%	全氮/g·kg^{-1}
含量	66.95	81.61	18.39	65.93	14.03

由表4-2可知，装填垃圾的含水率高达66.95%，较高的含水率有利于微生物的生长繁殖。生活垃圾样品的初始BDM值高达65.93%，这一指标表明垃圾中可生物降解的有机物所占的比重较大。此外，垃圾中可燃分的含量为81.61%，全氮含量为14.03 g/kg。垃圾外观特征如图4-2所示。

图4-2 装填垃圾外观

4.2 试验过程设计

4.2.1 垃圾柱装填

厌氧单元和准好氧单元的装填情况见表4-3。试验装填过程采用压实锤均匀压实，边装填边压实。最终，厌氧单元（R1、R3-Ⅰ~R7-Ⅰ）中的装填密度为713.02 kg/m³，装填高度为90 cm；准好氧单元（R2、R3-Ⅱ~R7-Ⅱ）中的装填密度为662.11 kg/m³，装填高度为80 cm。

表4-3　各填埋单元垃圾装填情况

模型编号	装填高度/cm	装填质量/kg	装填密度/kg·m^{-3}
厌氧单元	90	42±0.1	713.02
准好氧单元	80	40±0.1	662.11

4.2.2 模拟降雨

根据2009—2012年成都市统计年鉴，计算出每个月的平均降雨量。试验启动后，每个月月末参照平均降雨量实施人工降雨，对于试验日常监测造成的渗滤液损失，采用自来水补充。人工降雨情况见表4-4。入渗系数取值范围为0.1~0.3，取值根据平均降雨量确定。

表4-4　人工降雨情况表

月份	平均降雨量/mm	模拟降雨量/L	月份	平均降雨量/mm	模拟降雨量/L
1	10.5	0.15	7	217.2	3.07
2	5.1	0.07	8	159.9	2.26
3	24.3	0.34	9	133.4	1.89
4	26.5	0.37	10	39.9	0.56
5	113.6	1.6	11	11	0.16
6	71.5	1.01	12	6.0	0.08

4.2.3 指标监测

1．监测频率

固相指标：试验前期为1月/次，中后期适当延长监测的时间间隔。

液相指标：试验前期为3天/次；中后期适当延长监测的时间间隔。

气相指标：试验前期10天/次，中后期适当延长监测时间间隔。

2．监测指标及方法

试验监测指标及方法详见表4-5。

表4-5 监测指标及方法

项目	监测指标	监测方法
液相	COD	重铬酸钾法（CJ/T3018.12—93）
	NH$_3$-N	蒸馏和滴定法（CJ/T3018.6—93）
	pH	玻璃电极法（CJ/T3018.10—93）
	UV$_{254}$	分光光度计法
	重金属	原子吸收分光光度计法
固相	BDM	重铬酸钾法
	含水率	重量法（CJ/T313—2009）
	可燃分与灰分	灼烧法（CJ/T313—2009）
	有机质	灼烧减量法（HJ761—2015）*
	全氮	半微量开氏法（CJ/T103—1999）
	沉降量	直接测量法
气相	产气量	排水法
	CO$_2$	气相色谱法
	CH$_4$	气相色谱法

*标准中有机质的测定选用干基，试验测定和分析中均采用湿基。

4.3 试验结果与分析

R4~R7的设计和运行情况与R3相同，仅用作产酸阶段和产甲烷阶段的最优工况试验。因此，此章节仅对R1~R3的试验数据进行分析。

4.3.1 固相指标

1. BDM

各填埋单元垃圾湿基的BDM值变化趋势如图4-3所示。

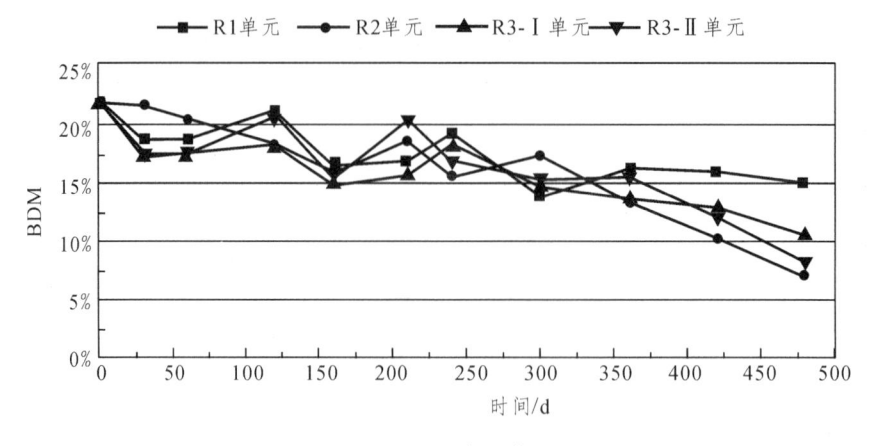

图4-3　BDM变化趋势

　　BDM，即生物可降解度，能够反映垃圾中可生物降解物质的含量，是表征填埋场垃圾降解程度的重要指标之一[1,2]。在试验所选用的样品垃圾中，厨余类的质量分数较高，且厨余类垃圾中易降解的瓜果皮所占的比重很高，使得样品垃圾湿基的初始BDM值较高，为21.79%。各填埋单元中的BDM值总体变化趋势相似，在试验前期，BDM下降趋势缓慢，且为波动下降；在试验中后期，BDM值下降趋势较明显，各单元垃圾的BDM值下降快慢程度不一致。在R1和R3-Ⅰ两个厌氧单元中，垃圾的BDM值下降程度相对缓慢，下降幅度也相对较小。在前240天，R1的BDM值下降趋势不明显，在16.33%和21.04%之间波动；在前160天，R3-Ⅰ的BDM值下降趋势不明显，在14.70%和18.22%之间波动。在R2和R3-Ⅱ两个准好氧单元中，BDM值下降趋势较为明显。R2中BDM值下降速度最快，在第480天下降至5.98%；R3-Ⅱ中BDM值的总体变化趋势和下降速率接近R2，仅在第120天和第210天测得的BDM值较大，分析原因为，固体垃圾取样不均匀造成的异常值。

　　试验期间，R1、R2、R3-Ⅰ和R3-Ⅱ中BDM值分别下降33.75%、67.99%、52.48%和62.82%。与厌氧单元相比，准好氧单元中BDM值下降趋势更为明显，更有利垃圾中有机物的降解。

2. 全氮

各填埋单元全氮的变化趋势如图4-4所示。由图4-4可以看出，试验期间，R1、R2、R3-Ⅰ和R3-Ⅱ中全氮分别下降25.71%、52.14%、40.00%和54.29%。各填埋单元的全氮含量变化趋势较为相似，除R1外，其余三个填埋单元的全氮含量变化范围相差不大。在整个试验期间，R1中全氮的含量呈缓慢波动下降的趋势，主要原因是R1为厌氧生物反应器，体系内部为厌氧环境，不利于含氮物质向硝酸盐和亚硝酸盐转化，影响了含氮有机物的降解。R3-Ⅰ同为厌氧单元，通过交叉回灌，渗滤液能够将R3-Ⅰ中的含氮物质转移至R3-Ⅱ中，在硝化作用下生成硝酸盐和亚硝酸盐，硝酸盐和亚硝酸盐又以渗滤液为载体，进入厌氧单元和准好氧单元，完成含氮有机物的降解。在R2和R3-Ⅱ中，全氮含量的变化趋势和程度高度一致，R3-Ⅱ中全氮的去除效果略优于R2。

综上所述，从全氮去除率考虑，准好氧单元比厌氧单元更有利于垃圾中全氮的降解；厌氧-准好氧生物反应器填埋场比单独准好氧单元略显优势，效果不太明显。

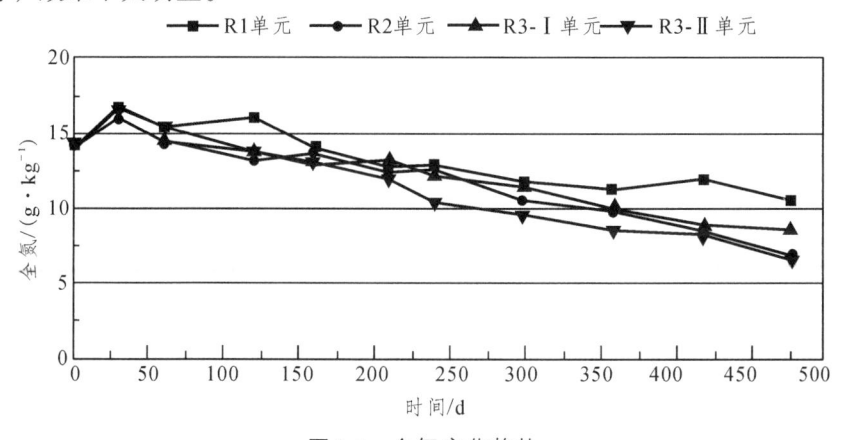

图4-4 全氮变化趋势

3. 含水率

垃圾含水率变化趋势如图4-5所示。

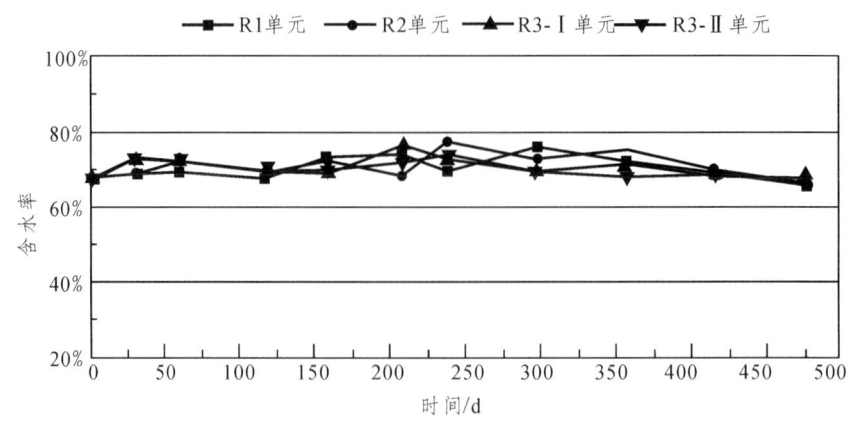

图4-5 垃圾含水率变化趋势

由图4-5可以看出，在整个试验期间，各填埋单元中垃圾的含水率维持在比较高的状态，且无明显的规律。在填埋初期，垃圾的初始含水率为66.95%，渗滤液回灌操作以及每个月月末实施的人工模拟降水，使得填埋单元内部垃圾含水率始终维持在65%~75%范围内，且各填埋单元中垃圾的含水率差别也不甚明显。较高的含水率有利于微生物的新陈代谢，有利于填埋场内污染物质的迁移转化，有利于填埋场的稳定化。

4. 可燃分和灰分

风干垃圾中可燃分与灰分的变化趋势如图4-6所示。整个试验期间，可燃分的含量呈下降趋势，灰分的含量则相应升高，且准好氧单元风干垃圾的可燃分和灰分的变化幅度大于厌氧单元。在填埋初期，可燃分和灰分所占的质量分数分别为81.60%和18.40%，随着垃圾中有机污染物质的不断析出，可燃分含量逐渐下降，在大约填埋1年后，准好氧单元可燃分所占的比重低于灰分所占的比重。试验结束时，R2和R3-Ⅱ中可燃分含量下降至40%左右；厌氧单元中可燃分的含量在71.51%~81.60%波动，灰分所占的比重始终低于可燃分的比重。

试验期间，R1、R2、R3-Ⅰ和R3-Ⅱ中可燃分分别下降12.38%、41.05%、37.76%和48.65%。这一试验结果表明，从可燃分和灰分的变化趋势分析，厌氧单元中有机质的降解速率慢于准好氧单元。

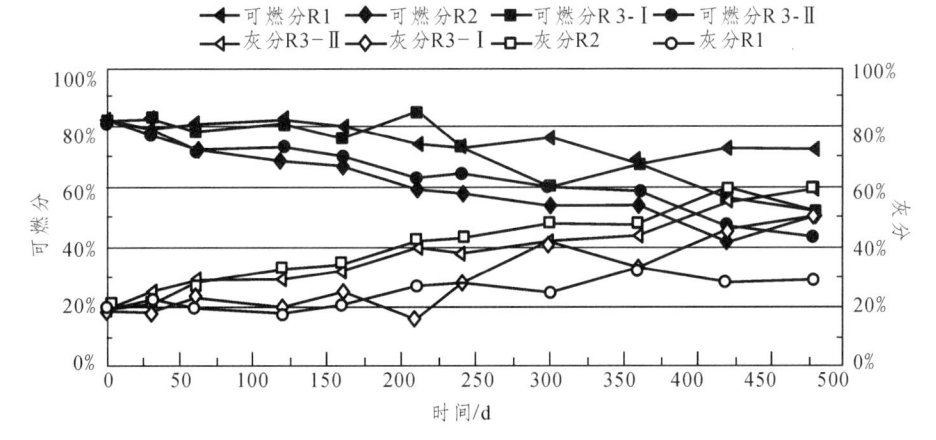

图4-6 可燃分和灰分变化趋势

5. 有机质

填埋垃圾中有机质含量的变化趋势如图4-7所示。

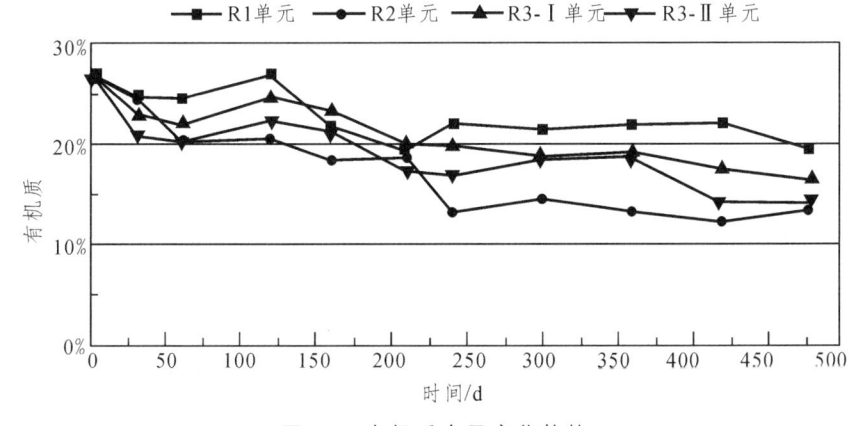

图4-7 有机质含量变化趋势

由图4-7可以看出，试验期间，R1、R2、R3-Ⅰ和R3-Ⅱ中有机质均呈波动下降的趋势，分别下降27.60%、50.16%、38.97%和47.38%。在整个试验期间，R1中垃圾有机质的含量下降幅度最小，主要原因是R1为厌氧生物反应器，长期处于低pH值环境下，微生物活性受到抑制，影响了垃圾的降解速率。R3-Ⅰ同为厌氧单元,通过交叉回灌,渗滤液能够将R3-Ⅰ中的有机污染物转移至R3-Ⅱ中,并在多种微生物的综合作用下被降解。从有机质的变化趋势分析,准好氧生物反应器填埋场由于厌氧-准好氧生物反应器填埋场,厌氧生物反应器填埋场效果最差。

6. 沉降量

在各填埋单元中,累积沉降量的变化趋势如图4-8所示。

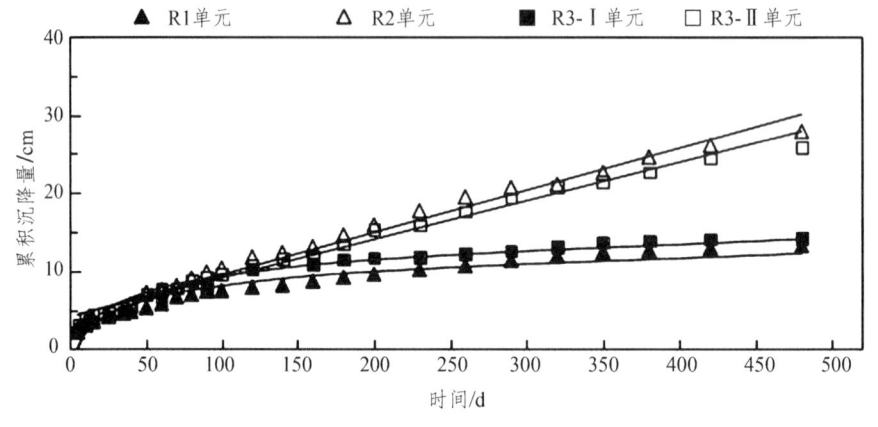

图4-8 累积沉降量变化趋势

由图4-8可以看出,在前30天左右,4个填埋单元的累积沉降量差别不大。填埋初期,累积沉降量主要由重力压缩作用贡献,4个单元中的填埋高度和填埋密度差别较小,机械式压缩程度差别较小[3,4]。在试验中后期,垃圾的累积沉降主要由生物作用贡献,在厌氧单元中,微生物对有机物的降解速率低于准好氧单元,由此产生的沉降效果也不同[5]。总体看来,以厌氧填埋方式运行的R1和R3-Ⅰ的累积沉降量与对数函数拟合效果较好;以准好氧填埋方式运行的R2和R3-Ⅱ的累积沉降量与线性函数的拟合效果较好。在各填埋单元中,累积沉降量随时间变化的拟合公式见表4-6。

表4-6 累积沉降量拟合公式

填埋单元	拟合公式	R^2
R1	$y=3.0306\ln(x)-4.5888$	0.9636
R3-I	$y=2.6532\ln(x)-4.099$	0.9367
R2	$y=4.129+0.054x$	0.9835
R3-II	$y=4.169+0.049x$	0.9869

4.3.2 液相指标

1. pH

在各填埋单元中，渗滤液pH值变化趋势如图4-9所示。

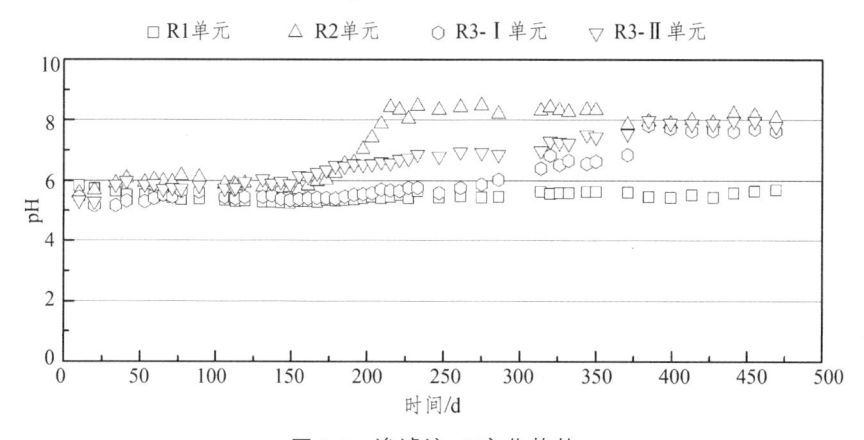

图4-9 渗滤液pH变化趋势

由图4-9可以看出，在不同填埋单元中，渗滤液的pH值变化趋势不同。整体看来，在试验起始阶段，各填埋单元渗滤液的pH值差别较小，在试验中后期，厌氧单元所产生渗滤液的pH值明显低于准好氧单元。

R1：在第0~65天，渗滤液的pH值总体呈下降趋势，变化范围为5.48~5.83，在此阶段，易降解的有机物在好氧微生物的作用下快速分解，渗滤液pH值持续下降；在第66~167天，渗滤液pH值维持在5.30上下，填埋单元内部酸积累现象严重，最低pH值出现在第149天，为5.24；在第167天之后，渗滤液的pH值开始缓慢上升。在试验结束时，渗滤液的pH值为5.63。这一试验结果表明，厌氧生物反应器填埋场易出现酸积累现象，不利于填埋场的快速稳定。

R2：渗滤液的pH值总体呈现先上升再下降，最后又上升的趋势。在前80天左右，渗滤液的pH值呈缓慢上升的趋势，变化范围为5.57~6.15；在第80~155天左右，该填埋单元渗滤液的pH值有较小程度的下降趋势，变化范围为5.70~5.89，渗滤液偏酸性，填埋单元内部出现较小程度的酸积累现象；在第156天之后，渗滤液中pH值呈现波动上升的趋势。与R1厌氧填埋单元相比，尽管R2在第80~155天左右也出现了一定程度的酸积累现象，但程度较轻，pH值始终在5.50以上，且持续时间较短；在第156天之后，外界环境温度升高，填埋场内微生物的新陈代谢速率加快。第170天左右，该填埋单元出水pH值超过6.0；在接近200天时，出水pH值超过7.0，填埋场内部环境由酸性过渡到弱碱性；在第215天左右，pH值上升至8.0以上。试验结果表明，在缓解酸积累现象方面，准好氧生物反应器填埋场比厌氧生物反应器填埋场更具有优势，更有利于填埋场的稳定化。

R3-Ⅰ：渗滤液的pH值呈先下降后上升的变化趋势。在前30天左右，pH值迅速下降至5.14；在第30~155天左右，渗滤液的pH值在5.30~5.64波动；在第156天之后，渗滤液的pH值呈现持续上升趋势，并在第285天左右超过6.0，在第380天左右超过7.0，填埋单元内部环境由酸性转为弱碱性。与同为厌氧填埋单元的R1相比，R3-Ⅰ的酸积累现象持续时间和程度相对较小，这主要是由R3-Ⅰ与准好氧单元R3-Ⅱ串联引起的，该填埋单元的部分有机酸转移至准好氧单元进行降解，缓解了该填埋单元的酸积累现象。

R3-Ⅱ：渗滤液的pH值总体呈上升趋势。在试验开始的前315天，渗滤液的pH值由5.33缓慢上升至7.0附近，填埋场内部环境为弱酸性；在第315天之后，填埋单元内部环境由中性转为弱碱性。与同为准好氧填埋的R2相比，在同时期，该填埋单元所产生的渗滤液pH值略低，主要原因是R3-Ⅰ的渗滤液回灌至R3-Ⅱ，致使R3-Ⅰ中的有机酸转移至R3-Ⅱ，增加了R3-Ⅱ中的有机酸负荷，在一定程度上降低了R3-Ⅱ所产生的渗滤液的pH值。

综上所述，厌氧填埋方式易产生酸积累现象，准好氧填埋方式则有利于改善填埋场内部的酸积累现象；采用厌氧与准好氧相串联的运行方式能够将厌氧单元的有机酸转移至准好氧单元进行降解，从而缓解厌氧单元的酸积累现象，加快填埋场的稳定化进程。

2. COD

在各填埋单元中，渗滤液COD的变化情况如图4-10所示。

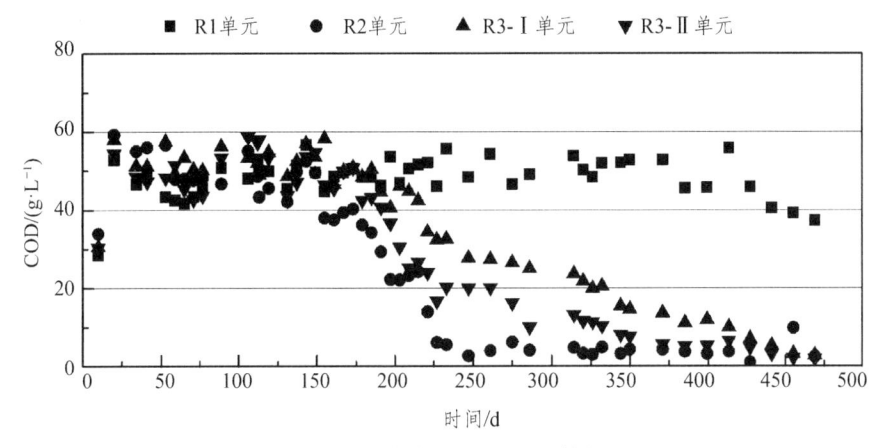

图4-10 渗滤液COD变化趋势

填埋初期，新鲜垃圾中含有较多易溶、易分解的小分子有机物，易溶、易分解的小分子有机物溶解到渗滤液中，增加了渗滤液的有机负荷，各填埋单元渗滤液的COD迅速升高至50 g·L^{-1}左右。随着填埋场内部微生物菌群的生长繁殖，有机物被转化为CH_4、CO_2和H_2O等小分子的无机物。当固相中有机物的溶出速率小于液相中有机物的降解速率时，COD呈现下降趋势。

R1：渗滤液中COD的总体变化趋势为先迅速上升，后缓慢波动下降。试验第0~20天，COD迅速升高，在第20天时，COD达到52.84 g·L^{-1}；在第20~370天，渗滤液中COD的下降趋势不明显，通常厌氧微生物的生长代谢比较慢，对有机物的降解速率也小于好氧微生物，导致该填埋单元中渗滤液的COD长期居高不下；在第370天之后，该填埋单元所产生的渗滤液COD值下降的速率相对增大，主要是由于产甲烷反应的启动，消耗了部分小分子有机物，从而加快了有机物的降解。

R2：渗滤液中COD的变化趋势为先迅速上升，经过一段时间的波动下降后出现快速下降，试验后期，COD维持在3.0 g·L^{-1}左右。在填埋初期，易溶于水的小分子有机物迁移至渗滤液中，导致短时间内该填埋单元所产生的渗滤液COD迅速升高，在第20天时达到最大值59.20 g·L^{-1}；在第20~53天，COD维持在55 g·L^{-1}左右，分析原因为好氧微生物对有机物的降解速率与固相垃圾中有机物向液相中转移的速率差别不大造成的；在第54~149天，COD呈波动下降的趋势，变化范围为43.36~55.10 g·L^{-1}，在此阶段，微生物对有机物的分解速率略大于固相垃圾中有机物的析出速率；在第150~220天，渗滤液中COD下降速率迅速增大，主要是由于外界环境温度升高，内部微生物受温度的影响活性增加引起的；在第221天之后，COD的浓度下降至10 g·L^{-1}以下；在第285天之后，COD的浓度下降至5 g·L^{-1}以下。与R1相比，在第0~20天，R2所产生的渗滤液中COD含量与R1变化趋势一致，均处于迅速升高阶段；在第150天之后，R2所产生的渗滤液中COD的浓度明显低于R1。这表明，从COD变化的角度分析，准好氧生物反应器填埋场比厌氧生物反应器填埋场更有利于含碳有机物的降解。

R3-Ⅰ：渗滤液的COD总体呈先上升后下降的趋势。在试验前155天，该填埋单元所产生渗滤液的COD变化趋势与R1相近；在第155d之后，该填埋单元所产生的渗滤液的COD呈持续下降趋势；在第410天以后，COD浓度低于10 g·L^{-1}。与同为厌氧单元的R1相比，R3-Ⅰ对COD的去除效果较好，分析原因为，在厌氧-准好氧生物反应器中，R3-Ⅰ与R3-Ⅱ串联，厌氧单元的有机负荷部分转移至准好氧单元，准好氧单元存在的好氧微生物对有机物的降解速率明显优于厌氧微生物。

R3-Ⅱ：该填埋单元所产生的渗滤液的COD总体呈先上升后下降的趋势。在试验前20天，渗滤液中COD快速上升至54.41 g·L^{-1}；在第20~149天，

COD呈现波动下降的趋势；在第150~350天，COD呈快速下降趋势，在第350天之后，COD浓度稳定在5 g·L^{-1}左右。与同为准好氧单元的R2相比，R3-Ⅱ的变化趋势与R2相似，在同一时间点，R3-Ⅱ所产生渗滤液的COD高于R2，主要原因为，R3-Ⅰ与R3相串联Ⅱ，R3-Ⅰ中的有机物转移至R3-Ⅱ引起的。因此，厌氧-准好氧生物反应器填埋场中准好氧单元所产渗滤液的COD下降速率低于准好氧生物反应器填埋场。

试验期间，R1、R2、R3-Ⅰ以及R3-Ⅱ所产生渗滤液的COD去除率分别为34.00%、95.64%、95.03%和96.46%。从COD去除率的角度分析，准好氧生物反应器填埋场和厌氧-准好氧生物反应器填埋场差别较小，且均优于厌氧生物反应器填埋场。

3. UV_{254}

在各填埋单元中，渗滤液的UV_{254}变化趋势如图4-11所示。

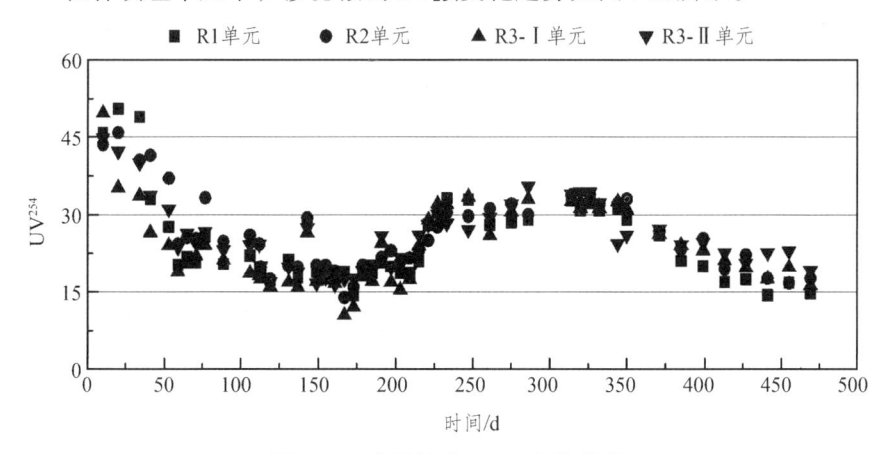

图4-11　渗滤液中UV_{254}变化趋势

UV_{254}是指在波长254 nm处，单位比色皿光程下，有机物的紫外吸收值，主要表征了渗滤液中腐殖质以及具有非饱和键（如具有芳香环结构或双键结构）类大分子有机物的综合浓度，可作为TOC、DOC，以及THMs前驱物的替代参数[6-8]。UV_{254}可补充COD所不能反映的多环芳烃等有机物的空白，从而更加全面地评价渗滤液中有机污染物降解的情况。UV_{254}所表征有机物的去除主要依赖于填埋场内部的物理、化学以及生物作用。由图4-11可以看出，各填埋单元中UV$_{254}$的总体变化趋势高度一致。

R1：UV$_{254}$的总体变化经历了两个先升高再降低的过程。在第0~34天，渗滤液中UV$_{254}$迅速增加至48.9；在第35~167天，UV$_{254}$呈下降趋势，变化范围为11.88~32.96；在第168~215天，UV$_{254}$维持在一个较小的区间内，变化范围为19.53~21.10；在第216天之后，UV$_{254}$的值经过一段时间的上升后呈现缓慢下降的趋势。在填埋初期，易溶有机物快速转移至液相，UV$_{254}$在短时间内迅速升高。随着酸化水解的进行，填埋场内部酸性物质积累，在酸性条件下，部分腐殖酸表面负电性降低，减少其表面附近的水分子，腐殖酸由亲水胶体转化为憎水胶体，腐殖酸被固相垃圾吸附，在第35天以后，UV$_{254}$开始呈现快速下降的趋势，此外，在此阶段，渗滤液中的Fe^{3+}浓度较高，Fe$_2$(SO$_4$)、FeCl$_3$等小分子的无机絮凝剂能够与UV$_{254}$所表征的有机物发生絮凝作用[9,10]。在167天之后，随着固相垃圾表面对UV$_{254}$所表征有机物的吸附达到饱和状态，UV$_{254}$值呈上升趋势[11]。经过长期的驯化，能够降解UV$_{254}$所表征有机物的微生物菌群得到积累，在250天左右，UV$_{254}$值呈现缓慢下降的趋势。

R2：该填埋单元所产生渗滤液的UV$_{254}$值总体变化趋势与R1相似。在填埋初期，UV$_{254}$值迅速升高，在第20天，达到最大值45.86；在第20~167天，UV$_{254}$呈现下降趋势，最小值为13.88；在第168~275天，UV$_{254}$呈上升趋势，在这之后，经过一段时间的稳定又呈现波动下降的趋势。与R1相比，同一时间测得的UV$_{254}$值总是高于R1，这表明厌氧生物反应器填埋场与准好氧生物反应器填埋场相比，更有利于复杂有机物的降解。

R3-Ⅰ：该填埋单元所产生渗滤液的UV$_{254}$变化趋势与R1相似。UV$_{254}$的最大值出现在第10天，为49.71；在第10~173天，值由49.71快速下降至10.48；在第174~300天左右，渗滤液UV$_{254}$值维持在一个相对稳定的状态，在300天之后，UV$_{254}$再次呈下降趋势。与同为厌氧单元的R1相比，在试验中后期，R3-Ⅰ中UV$_{254}$的值总是大于R1，这一现象表明，厌氧生物反应器与厌氧-准好氧生物反应器的厌氧单元相比，更有利于复杂有机物的降解。

R3-Ⅱ：该填埋单元所产生渗滤液的UV_{254}变化趋势与R2相似。UV_{254}的最大值出现在第10天，为44.70；在第10~167天，UV_{254}值由44.70快速下降至11.38；在第174天之后，UV_{254}呈波动下降的趋势，下降趋势较为缓慢。与同为准好氧单元的R2相比，相同时间点，R3-Ⅱ所产生渗滤液的UV_{254}的值总是小于R2。这一现象表明，与厌氧单元串联，有利于准好氧单元中复杂有机物的降解。与R3-Ⅰ相比，R3-Ⅱ所产生渗滤液的UV_{254}的值较大。

试验期间，R1、R2、R3-Ⅰ和R3-Ⅱ所产生渗滤液的UV_{254}去除率分别为69.84%、61.57%、67.36%和57.33%。生物反应器填埋场采用厌氧方式运行，更有利于UV_{254}所表征有机物的降解。在厌氧-准好氧生物反应器填埋场中，复杂有机物的降解主要发生在厌氧单元。

4. 氨氮

在各填埋单元，渗滤液中氨氮的变化趋势如图4-12所示。

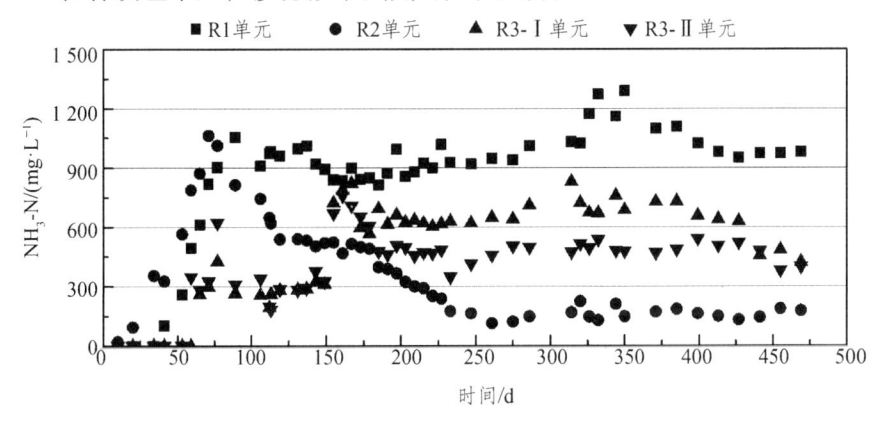

图4-12 渗滤液中氨氮变化趋势

由图4-12可以看出，各填埋单元渗滤液中NH_3-N的变化趋势存在差异，具体分析如下：

R1：渗滤液中NH_3-N的变化趋势为从无到有并迅速升高。第0~40天，渗滤液中的NH_3-N浓度从0升高至102.90 mg/L；第41~89天，NH_3-N的浓度迅速升高至1 054.18 mg/L；在第90~275天，NH_3-N的浓度在900 mg/L上下波动，变化程度较小，变化区间为813.38~1 011.95 mg/L；在第276~350天，渗滤液中NH_3-N的浓度呈上升趋势，并在第350天达到最大值1 287.4 mg/L；在第351天之后，NH_3-N浓度出现较小程度的下降，但其浓度始终在900 mg/L以上。这表明，厌氧生物反应器填埋场易出现氨氮累积现象，不利于渗滤液中氨氮的降解。

R2：渗滤液中NH_3-N的变化趋势为从无到有并迅速升高，然后，先后经历了快速下降和缓慢下降两个阶段。在第0~10天，NH_3-N浓度从0升高至20.70 mg/L；第10~71天，渗滤液中NH_3-N的浓度快速上升至1 063.00 mg/L；在第72~261天，NH_3-N浓度快速下降至114.24 mg/L；第262天以后，NH_3-N浓度在150 mg/L上下波动，变化趋势不明显。与R1相比，该填埋单元所产生的渗滤液中未出现NH_3-N浓度长期偏高现象，这主要是由于准好氧单元中的不同区域存在着硝化菌和反硝化菌，氨氮在硝化菌和反硝化菌的生物作用下得以去除。

R3-Ⅰ：该填埋单元所产生的渗滤液中NH_3-N的变化呈先上升后下降的趋势。在第0~167天，氨氮浓度升高至821.43 mg/L；第168天以后，氨氮浓度呈下降趋势，试验结束时，NH_3-N浓度降至423.29 mg/L。与同为厌氧单元的R1相比，在整个试验期间，R3-Ⅰ所产渗滤液中氨氮的浓度始终低于R1，且未出现氨氮长期偏高现象。在渗滤液回灌过程中，R3-Ⅰ中的氨氮转移到准好氧单元，准好氧单元存在丰富的硝化菌、反硝化菌和厌氧氨氧化菌等，氨氮在微生物作用下被降解转化。这一结果表明，从氨氮去除方面考虑，厌氧-准好氧生物反应器填埋场比厌氧生物反应器填埋场更具有优势。

R3-Ⅱ：渗滤液中NH_3-N浓度的变化呈先上升后下降的趋势。在第0~161天，NH_3-N浓度升高至759.98 mg/L；第162天以后，NH_3-N浓度呈下降趋势，试验结束时，降至400 mg/L左右。与同为准好氧单元的R2相比，R3-Ⅱ所产生的渗滤液中NH_3-N的浓度大于R2；与R3-Ⅰ相比，R3-Ⅱ所产生的渗滤液中NH$_3$-N浓度较小。这一结果表明，氨态氮向硝态氮转化的过程主要发生在准好氧单元；与厌氧单元串联，增加了R3-Ⅱ的氨氮负荷。从氨氮去除的角度分析，准好氧生物反应器填埋场优于厌氧-准好氧生物反应器填埋场。

试验期间，在R1、R2、R3-Ⅰ以及R3-Ⅱ单元，渗滤液中NH$_3$-N去除率分别为23.85%、83.16%、48.47%和47.50%。从氨氮去除的角度分析，准好氧生物反应器填埋场优于厌氧-准好氧生物反应器填埋场，厌氧生物反应器填埋场对氨氮的去除效果最差。

5. 重金属

农村生活垃圾与城市生活垃圾的组分存在差异，其差异主要源于居民的生活水平、饮食结构等方面存在的区别。在城市生活垃圾填埋场，渗滤液中包含钾、钙、镁、铁、锰、砷、镉、铬、钴、铜、铅、汞、镍、锌等重金属，且它们的浓度变化范围很大。

本研究对渗滤液中Fe、Mn、Zn、Ni、Pb、Cu、Cd以及Cr 8种重金属离子进行了监测。整个试验过程中，始终未检测出Ni、Pb、Cu、Cd和Cr这5种重金属，Zn的浓度在1~2 mg/L波动，Fe的浓度最高，Mn的浓度次之。在各填埋单元，渗滤液中Fe和Mn的变化规律如图4-13所示。

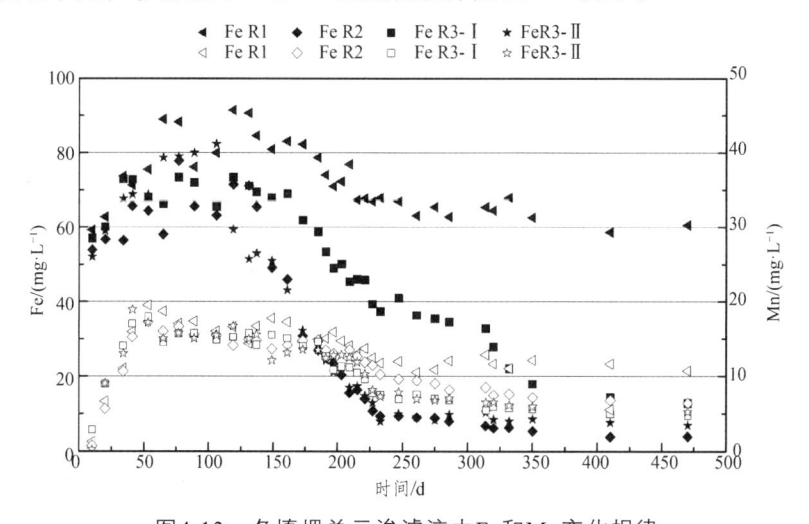

图4-13 各填埋单元渗滤液中Fe和Mn变化规律

（1）Fe和Mn的浓度变化分析

由图4-13可以看出，在填埋初期，各填埋单元所产生的渗滤液中Fe和Mn的浓度均呈上升趋势，且差别不大；在先后达到最大值之后，除R1外，其余3个填埋单元渗滤液中Fe和Mn的下降趋势一致。总体来看，渗滤液中Fe和Mn的浓度由大到小为R1、R3-Ⅰ、R3-Ⅱ和R2，具体分析如下。

R1：渗滤液中Fe和Mn的总体变化趋势为先升高后降低。在第0~65天，渗滤液中Fe的浓度由59.20 mg/L迅速上升至88.98 mg/L；在第66~149天，渗滤液中Fe的浓度始终在80 mg/L以上；第150天以后，渗滤液中Fe的浓度呈下降趋势，试验结束时，Fe的浓度为60.50 mg/L。在第0~53天，渗滤液中Mn的浓度迅速上升至19.53 mg/L；在第66~161天，渗滤液中Mn的浓度始终在15 mg/L以上；第162天以后，渗滤液中Mn的浓度呈下降趋势，试验结束时，Mn的浓度为10.72 mg/L。

在填埋初期，固相垃圾中的易溶解有机物经过酸化水解迁移到液相，渗滤液pH值迅速降低，Fe和Mn以离子的形态溶解到渗滤液中，随着酸化水解的不断进行，渗滤液中Fe和Mn的浓度一直呈上升趋势。当垃圾中的大部分易溶解小分子有机物被降解后，渗滤液中的复杂有机物浓度上升，该类有机物含有复杂的官能团，能够与Fe和Mn发生螯合作用，使得渗滤液中Fe和Mn的浓度不断降低。

R2：渗滤液中Fe和Mn的浓度总体变化趋势为先升高后降低。在第0~77天，渗滤液中Fe的浓度由53.80 mg/L迅速升高至77.88 mg/L；在第78~225天，渗滤液中Fe的浓度快速降低；在第226~480天，Fe的浓度由10 mg/L下降至3.9 mg/L。在第0~53天，渗滤液中Mn的浓度迅速升高至17.94 mg/L；在第54~220天，渗滤液中Mn的浓度快速降低；在第221~480天，Mn的浓度由10 mg/L下降至4.73 mg/L。

试验结束时，R2所产生渗滤液的Fe和Mn的浓度远远小于R1。分析原因为，R2中渗滤液的pH值较R1高，在碱性条件下，Fe和Mn能够与氢氧根反应生成难溶物，通过渗滤液回灌，Fe和Mn再次被转移至固相。在重金属的污染控制方面，准好氧生物反应器填埋场较厌氧生物反应器填埋场更有优势。

R3-Ⅰ：渗滤液中Fe和Mn的总体变化趋势为先升高后降低。在第0~34天，渗滤液中Fe的浓度由57.02 mg/L迅速上升至73.45 mg/L；在第35~151天，Fe的浓度在70 mg/L上下波动；在第152~480天，Fe的浓度由70 mg/L下降至12.80 mg/L。在第0~65天，渗滤液中Mn的浓度迅速升高至17.29 mg/L；在第66~232天，渗滤液中Mn的浓度快速降低；在第233~480天，Mn的浓度由10.25 mg/L下降至6.41 mg/L。

与同为厌氧单元的R1相比，R3-Ⅰ所产渗滤液中Fe和Mn的浓度始终低于R1，且未出现长期偏高的现象，主要因为R3-Ⅰ所产生的渗滤液的pH值高于R1，未出现酸积累现象，渗滤液中Fe和Mn的浓度随pH值的升高而降低。这一结果表明，从控制重金属污染的方面考虑，厌氧-准好氧单元好氧生物反应器比厌氧生物反应器填埋场更具有优势。

R3-Ⅱ：渗滤液中Fe和Mn的浓度总体变化趋势为先上升后下降。在第0~106天，渗滤液中Fe的浓度由52.00 mg/L迅速上升至82.31 mg/L；在第107~230天，该单元渗滤液中Fe的浓度呈下降趋势，在第230天左右，Fe的浓度下降至10 mg/L以下；在第233~470天，渗滤液中Fe的浓度呈波动下降趋势，第470天，Fe的浓度为6.94 mg/L。在第0~41天，渗滤液中Mn的浓度迅速升高至18.93 mg/L；在第42~220天，渗滤液中Mn的浓度快速下降至10.00 mg/L左右；在第221~480天，Mn的浓度由10.26 mg/L下降至5.24 mg/L。

与同为准好氧单元的R2相比，R3-Ⅱ所产生的渗滤液中Fe的浓度大于R2；与R3-Ⅰ相比，R3-Ⅱ所产生的渗滤液中Fe的浓度较小。这一规律与三个填埋单元中pH值的变化规律高度相似。

试验期间，在R1、R2、R3-Ⅰ和R3-Ⅱ中，渗滤液中Fe的迁移转化率为33.84%、94.99%、82.97%和91.22%，Mn的迁移转化率为45.11%、73.63%、62.93%和72.32%。从重金属迁移的角度分析，准好氧生物反应器填埋场优于厌氧-准好氧生物反应器填埋场，厌氧生物反应器填埋场效果最差。

（2）Pearson相关分析

在填埋场中，影响重金属迁移的因素有很多，吸附和沉淀被认为是降低重金属迁移能力的主要机制[12]。利用SPSS软件，将R3-Ⅰ和R3-Ⅱ所产生渗滤液的pH、Eh、UV_{254}、COD以及氨氮随时间的变化序列进行Pearson相关性分析。研究表明，在R3-Ⅰ和R3-Ⅱ单元，渗滤液中Fe和Mn的浓度与pH、UV_{254}、COD三个指标存在相关关系。在R3-Ⅰ和R3-Ⅱ单元中，渗滤液中Fe和Mn的浓度与pH之间存在显著的相关关系。在R3-Ⅰ单元，Pearson相关系数r分别为-0.824**、-0.629**，在R3-Ⅱ单元，Pearson相关系数r分别为-0.712**、-0.897**，即Fe和Mn的浓度与pH在0.01的显著水平上拒绝零假设，存在显著的负相关关系，分析原因为，重金属Fe和Mn在中性或碱性条件下能够形成氢氧化物沉淀，降低了重金属的迁移能力。渗滤液中Fe和Mn的浓度与COD之间存在正相关关系。在R3-Ⅰ单元，渗滤液中Fe和Mn的浓度与COD的Pearson相关系数r分别为0.514*、0.463*，在R3-Ⅱ单元，渗滤液中Fe和Mn的浓度与COD的Pearson相关系数r分别为0.529*、0.432*，分析原因为，垃圾中的有机物能够与重金属形成重金属有机络合物，从而改变了垃圾表面对Fe和Mn的保持能力、重金属的溶解性、生物有效性等，提高了Fe和Mn在填埋场内部的迁移能力[13]。尽管文献研究表明，重金属离子易与复杂的有机物，如腐殖质，结合形成难溶物滞留于填埋场中，但Fe和Mn的浓度与UV_{254}之间的相关关系较弱，这可能是由于酸碱度以及其他因素对重金属迁移能力的影响程度大于腐殖质。

4.3.3 气相指标

1. 累积产气量

对R1和R3-Ⅰ两个填埋单元的产气量进行了测定，累计产气量如图4-14所示。

由图4-14可知，在R1和R3-Ⅰ两个填埋单元中，累积产气量的变化趋势总体一致。在第0~30天产气量快速增高，在此阶段，填埋场内部氧气含量高，且垃圾中易降解的污染物质较为丰富，好氧细菌迅速增殖，成为填埋场内部的优势菌群，在好氧微生物的生物作用下，含碳有机物被转化为CO_2酸性物质的积累以及氧气的消耗，好氧微生物的活性受到抑制，兼氧和厌氧细菌与好氧细菌之间的竞争关系越来越明显，填埋场内部的产气量增加缓慢。当完全厌氧环境形成后，以产甲烷菌为主的厌氧细菌成长为优势菌群，产气量的增长速率加快。由于厌氧微生物的生长代谢远远低于好氧微生物，试验中后期的产气速率小于填埋最初的30天。

此外，由图4-14可以看出，前30天埋单元中，累积产气量的变化高度一致，均处于快速上升阶段；在第31~90天，两个单元中的累积产气量增加缓慢，处于不同种类的菌群竞争阶段；在第91~270天，R1中的累积产气量高于R3-Ⅰ，分析原因为，R1较R3-Ⅰ的厌氧效果好，有利于产甲烷菌的生长繁殖；第270~480天，R3-Ⅰ中的累积产气量高于R1，分析原因为，R1长期处于酸积累状态，产甲烷细菌的活性受到抑制，影响了气体的产生速率。

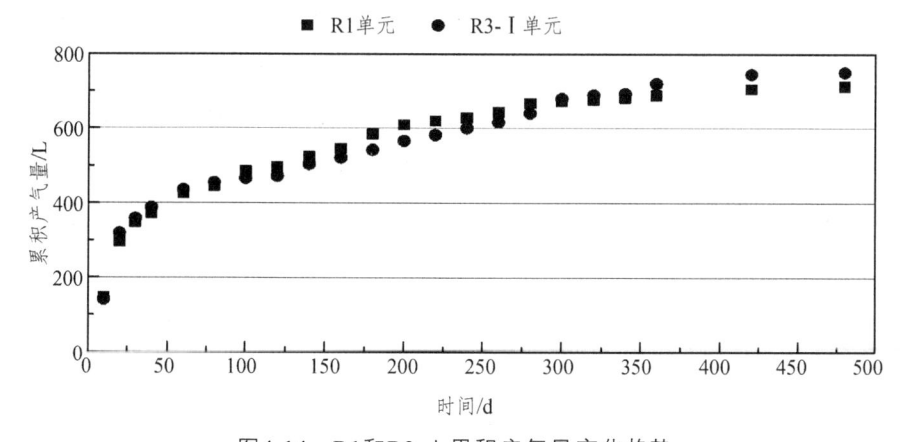

图4-14 R1和R3-Ⅰ累积产气量变化趋势

2. 填埋气体组分

填埋气体的组分与填埋场内部微生物的活动有关。在填埋初期，填埋气的组分以CO_2和N_2为主；填埋中后期，以CO_2和CH_4为主[14]。

（1）CO_2

在R1和R3-Ⅰ两个填埋单元中，CO_2含量随时间的变化趋势见如图4-15所示。

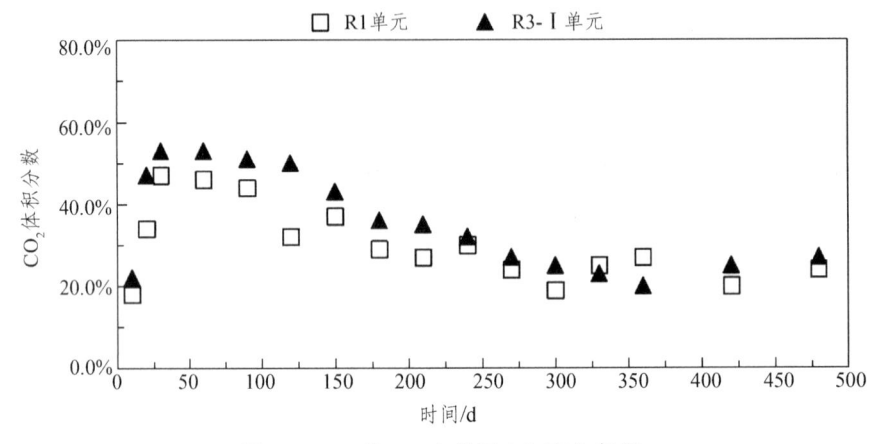

图4-15 R1和R3-Ⅰ单元CO_2变化趋势

由图4-15可以看出，在R1和R3-Ⅰ单元中，CO_2所占的体积分数变化趋势总体一致。在第0~30天，在好氧微生物的作用下，CO_2所占的体积分数快速增加，先后达到最大值47.1%和52.2%。随着氧气含量的下降，好氧微生物的活性逐渐减低，CO_2体积分数随之下降。在第200天左右，在以产酸菌和产甲烷菌为主的厌氧细菌的作用下，CO_2的体积分数维持在20%~30%之间，波动范围较小。

R1和R3-Ⅰ两个单元相比较而言，R3-Ⅰ所产生填埋气的CO_2体积分数略高。在前30天，两个单元中CO_2所占的体积分数增长速率差别不大；在第30~120天，R3-Ⅰ单元CO_2所占的体积分数下降较慢，长期稳定在50%上下。在厌氧-准好氧生物反应器填埋场，渗滤液交叉回灌操作造成R3-Ⅰ单元有一定的复氧现象，致使R3-Ⅰ中可能部分好氧降解。

（2）CH_4

在R1和R3-Ⅰ两个填埋单元中，CH_4所占的体积分数随时间的变化趋势如图4-16所示。由图4-16可以看出，在R1和R3-Ⅰ两个单元，填埋气中

CH_4所占的体积分数变化总体趋势一致。在前90天左右，CH_4的体积分数分别从0上升至17.3%和15.2%；在第91~150天，CH_4的体积分数稳定在20%上下；第151~270天，CH_4的体积分数快速增长；第271~480天，CH_4的体积分数基本维持在50%以上。

试验期间，尽管R1所产生的渗滤液的pH值始终低于6.0，在第240天之后，填埋气中甲烷的含量仍超过了40%，表明填埋场内存在耐酸性的产甲烷菌，这一研究结果与等人的研究结果一致。此外，有研究者认为，含氮有机物在微生物体内降解的过程中，能够生成CH_4^+，增加了微生物体内的碱度，从而形成微生物的耐酸机制[15, 16]。

R1和R3-Ⅰ两个单元相比较而言，同一时间点，R1中CH_4的体积分数高于R3-Ⅰ，并且R3-Ⅰ单元的产甲烷阶段相对滞后。这一试验结果与韩智勇等人的研究结果一致，主要是由于渗滤液流经准好氧单元时，携带了部分氧气，导致厌氧单元出现复氧现象，在一定程度上抑制了产甲烷菌等厌氧微生物的新陈代谢[17]。

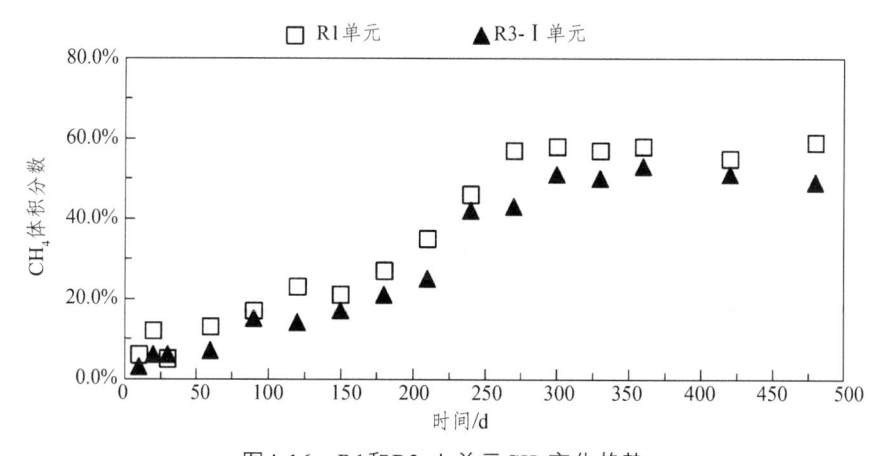

图4-16 R1和R3-Ⅰ单元CH_4变化趋势

（3）N_2

在R1和R3-Ⅰ两个填埋单元中，N_2的体积分数随时间的变化趋势如图4-17所示。由图4-17可以看出，在R1和R3-Ⅰ两个单元中，N_2所占的体积分数变化一致，总体呈下降趋势。在填埋开始阶段，微生物的数量还处于增长阶段，填埋气中的主要组分受垃圾孔隙中空气的组分影响较大，N_2所占的体积分数较高。随着微生物的生长繁殖，微生物分解有机物所产生的CO_2等气体的体积分数快速上升，在第0~90天，N_2所占的质量分数快速下降。当厌氧环境形成后，填埋气中N_2主要来源于反硝化作用和厌氧氨氧化作用，N_2的体积分数维持在20%上下。

在R1和R3-Ⅰ所产生的填埋气中，N_2所占的体积分数差别较小。理论上分析，R1单元的完全厌氧环境更有利于反硝化作用和厌氧氨氧化作用，其N_2所占的体积分数应高于R3-Ⅰ。然而，测得的结果则是R3-Ⅰ中N_2所占的体积分数略高于R1，分析原因为，R3-Ⅰ与准好氧单元相串联，准好氧单元的设计结构导致少量空气随渗滤液回灌管道进入R3-Ⅰ，空气中的N_2增加了填埋气中N_2所占的体积分数。

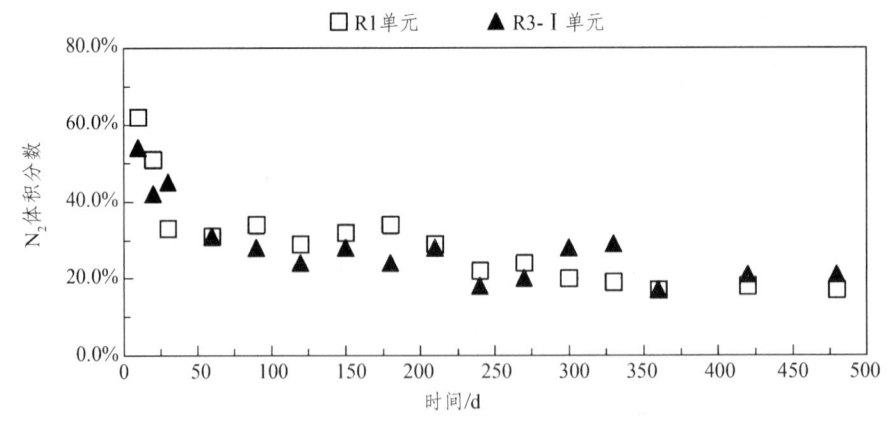

图4-17　R1和R3-Ⅰ单元N_2变化趋势

参考文献

[1] 王晓瑜. 封场后垃圾填埋场卫生防护距离的设置研究[D]. 成都：西南交通大学，2014.

[2] 陶丽霞. 基于回灌处理渗滤液浓缩液中重金属的迁移行为研究[D]. 成都：西南交通大学，2015.

[3] 孙洪军. 生物反应器填埋场沉降特性的试验研究与数值模拟[D]. 沈阳：东北大学，2011.

[4] 刘磊，梁冰，薛强，等. 考虑填埋场沉降和生物降解作用下的孔隙度仿真预测研究[J]. 岩土力学，2009，30（1）：196-200.

[5] 徐晓兵，詹良通，陈云敏，等. 城市生活垃圾填埋场沉降监测与分析[J]. 岩土力学，2011，32（12）：3721-3727.

[6] 董滨，段妮娜，何群彪，等. UV_{254}作为COD替代参数用于猪场污水的监测[J]. 安徽农业科学，2009，37（4）：1724-1725+1727.

[7] 宫丽娜. 膜生物反应器出水COD与UV_{254}之间的线性关系[J]. 净水技术，2014，33（1）：76-77+96.

[8] 赵英杰，杨唐，李璞. UV_{254}与COD、TOC相关分析及氯离子对测定$UV_{(254)}$的影响[J]. 安徽农业科学，2015，43（7）：253-255.

[9] 李立欣. 基于松花江水源水絮凝沉淀工艺的微生物絮凝剂净水效能研究[D]. 哈尔滨：哈尔滨工业大学，2016.

[10] 陈仕稳. 改性膨润土颗粒制备及对微污染水中UV_{254}和NH_4-N的去除研究[D]. 广州：广东工业大学，2016.

[11] 刘国强. 垃圾渗滤液中DOM特性分析及去除性能研究[D]. 重庆：重庆大学，2007.

[12] 何岩. 矿化垃圾反应床处理填埋场渗滤液工艺优化及运行机制研究[D]. 上海：同济大学，2008.

[13] 韩融. 垃圾渗滤液污染场地微生物活性与污染物迁移转化关系研究[D].

长春：吉林大学，2007.

[14] FRANK R R, DAVIES S, WAGLAND S T, et al. Evaluating leachate recirculation with cellulase addition to enhance waste biostabilisation and landfill gas production[J]. Waste Management, 2016, 55（SI）: 61-70.

[15] OLESZKIEWICZ J A .Anaerobic biotechnology for industrial wastewater: Review[J].Canadian Journal of Civil Engineering, 1997, 24（3）: 520-521.

[16] TRANKLER J, VISVANATHAN C, KURUPARAN P. Influence of tropical seasonal variations on landfill leachate characteristics—Results from lysimeter studies[J].Waste Management, 2005, 25（10）: 1013-1020.

[17] 韩智勇，刘丹，李启彬. 厌氧-准好氧联合型生物反应器填埋场产气规律的研究[J]. 环境科学，2012，33（6）: 2118-2124.

PART FIVE 5

厌氧-准好氧生物反应器填埋场运行机理

垃圾进入生物反应器填埋场后,污染物质会在物理、化学及生物作用的共同影响下进行降解,最终垃圾被矿化,渗滤液中污染物的浓度达到不用处理即可排放的条件,几乎无填埋气产生,填埋场不再发生沉降,即填埋场达到稳定状态。尽管生物反应器填埋场的类型有很多种,但是主要污染物的降解和迁移转化原理是相似的。

5.1 填埋场稳定化进程

填埋场的稳定化进程是一个复杂的污染物质迁移转化过程,是在物理、化学和生物作用的共同影响下完成的。不同类型的填埋场稳定化所需要的时间不同,但整个稳定化进程所经历的阶段是一致的。根据填埋气组分以及渗滤液中COD、VFA、Fe、Zn和pH等指标的变化规律,可以将填埋场的稳定化进程划分为五个阶段[1-4],如图5-1所示。

1. 初始调整阶段

该阶段是垃圾稳定化进程中持续时间最短的阶段。垃圾在填埋过程中会夹带有氧气,在填埋初始,填埋场内部是一个有氧的环境,垃圾中的小分子和易降解物质从垃圾中溶出,在好氧微生物的新陈代谢下转化为CO_2和H_2O,释放能量,填埋场内部温度上升[5,6]。伴随着填埋场内部氧气含量的降低,填埋场内部优势菌群逐渐由好氧型转变为兼氧型,稳定化进程进入下一阶段。初始调整阶段主要的生化反应方程式如下。

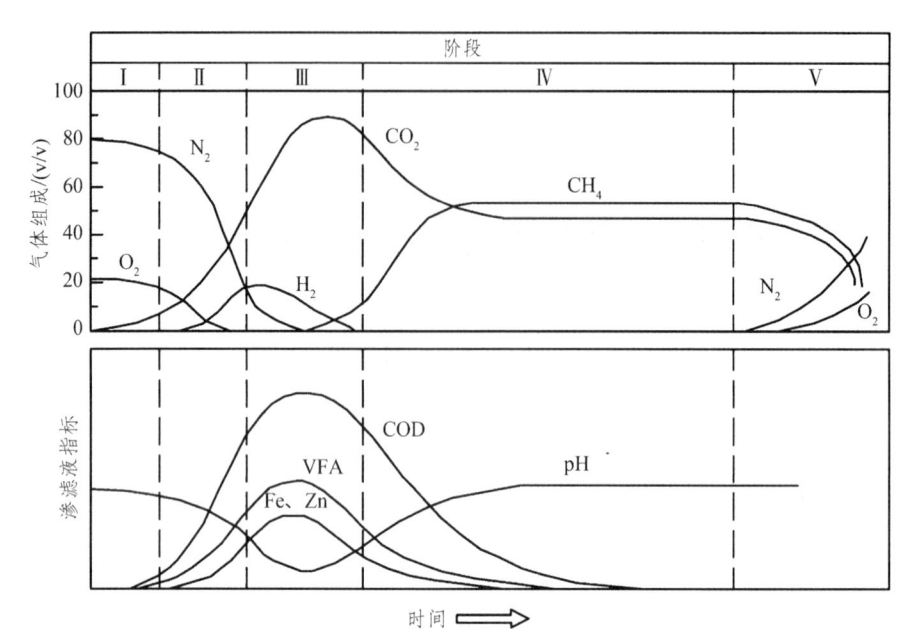

Ⅰ、初始调整阶段；Ⅱ、过渡阶段；Ⅲ、酸化阶段；Ⅳ、产甲烷阶段；Ⅴ、稳定阶段

图5-1　填埋场稳定化进程[4]

碳水化合物：

$$C_xH_yO_z+[x+\frac{1}{4}y-\frac{1}{2}z]O_2 \longrightarrow xCO_2+\frac{1}{2}yH_2O+能量 \quad (5-1)$$

含氮化合物：

$$C_xH_yO_zN_v \cdot aH_2O+bO_2 \longrightarrow C_sH_tO_u+eNH_3+fCO_2+热量 \quad (5-2)$$

2. 过渡阶段

随着体系内部氧气含量的降低，填埋场内部由好氧环境向厌氧环境过渡的一个阶段称之为过渡阶段。在这一阶段，微生物的优势菌群为兼性厌氧菌和真菌，pH和Eh均呈下降趋势，在酸性和低氧化还原电位的环境下，硝酸盐和硫酸盐被还原成氮气和硫化氢[7-9]。同时，随着有机物的不断降解，可溶性的污染物质不断转移至液相，渗滤液中污染物质的浓度迅速增大。在此阶段，填埋气的组分主要是氮气和二氧化碳，二氧化碳的体积分数呈

上升趋势，氮气和氧气的体积分数呈下降趋势，无甲烷产生。

3. 酸化阶段

在酸化阶段，填埋场内部的优势菌群为兼性和专性厌氧菌。产氢产乙酸细菌能够以垃圾降解产物为底物，将其转化为氢气、二氧化碳和乙酸，在有机物厌氧降解中起到至关重要的作用[10-12]。在此阶段，渗滤液中COD、挥发性脂肪酸以及重金属离子的浓度持续上升并达到最大值，pH值则呈下降趋势。在该阶段中后期，渗滤液中COD、VFA、重金属等污染物质的浓度开始下降，pH值开始回升，填埋气中甲烷的含量逐渐升高。在此阶段，填埋气的主要成分为CO_2。

4. 产甲烷阶段

产甲烷菌是严格的厌氧菌，对环境的要求极为严格。当填埋场氧化还原电位低于−330 mV时，填埋场内部为严格的厌氧环境，填埋进入产甲烷阶段。在此阶段，在产甲烷细菌的作用下，酸化阶段产生的大量乙酸和其他有机酸以及H_2被转化为CH_4，主要生化反应如下：

$$5nCH_3COOH \longrightarrow 2(CH_2O)_n + 4nCH_4 + 4nCO_2 + 热量 \quad (5-3)$$

在产甲烷阶段，填埋气的主要组分为CO_2和CH_4。在此阶段前期，CO_2的体积分数呈下降趋势，CH_4体积分数呈上升趋势；在此阶段后期，CH_4的体积分数高于CO_2，并长期维持在一个比较稳定的水平。在产甲烷阶段前期，渗滤液中COD、重金属等污染物质是浓度快速下降，在该阶段中后期，其维持在一个比较低的水平；在试验前期，pH呈现升高的趋势，最后维持在8.0左右。在该阶段，专性厌氧细菌缓慢而有效地将所有可降解的污染物质降解，最终垃圾完全矿化。

5. 稳定阶段

在微生物作用下，填埋场内部易降解组分最终被分解完毕，难生物降解的物质在少数微生物作用下缓慢地被降解，达到一种稳定状态，填埋场进入稳定阶段。在此阶段，渗滤液中污染物质的浓度较低，且多为大分子难降解物质，不容易被微生物利用，去除难度极大。填埋气中的主要组分依然是CH_4和CO_2，但产气速率明显降低。

5.2 填埋场主要污染物降解机理

填埋场对环境的威胁主要在于填埋气和渗滤液对环境的污染。填埋气的主要成分为CH_4和CO_2；渗滤液中的主要污染物质为含碳有机物、含氮有机物和重金属等。因此，填埋场主要污染物质的降解机理侧重于研究含碳物质的降解机理、含氮物质的降解机理以及重金属的迁移转化机理[13]。

5.2.1 含碳物质降解机理

1. 一般机理

在填埋场内部，含碳有机物可以被简单地划分为小分子有机物和大分子有机物。在好氧条件下，大部分小分子有机物和易降解的大分子有机物能够通过氧化反应生成为CO_2和H_2O，而复杂含碳有机物的降解则主要在厌氧条件下完成[14]。

在好氧条件下，含碳有机物的降解主要涉及以下过程。

有机物氧化过程：

$$C_xH_yO_z + [x + \frac{1}{4}y - \frac{1}{2}z]O_2 \longrightarrow xCO_2 + \frac{1}{2}yH_2O + 能量 \quad (5\text{-}4)$$

细胞物质合成过程：

$$n(C_xH_yO_z) + NH_3 + [nx + \frac{n}{4}y - \frac{n}{2}z - 5]O_2 \longrightarrow$$
$$C_5H_7NO_2(细胞质) + (nx-5)CO_2 + \frac{1}{2}(ny-4)H_2O + 能量 \quad (5\text{-}5)$$

细胞质的氧化过程：

$$C_5H_7NO_2(细胞质) + 5O_2 \longrightarrow 5CO_2 + 2H_2O + NH_3 + 能量 \quad (5\text{-}6)$$

一般情况下，复杂含碳有机物的降解需经历三个阶段，即水解酸化阶段、产氢产乙酸阶段和甲烷发酵阶段。在第一个阶段，起作用的微生物菌群主要为水解酸化菌，复杂含碳的有机物在该类细菌的新陈代谢作用下，转化为小分子的醇类、羧基酸类等中间产物；在第二个阶段，起作用的菌群主要为产酸产乙酸菌，该类菌群将第一阶段生成的中间产物进一步分解，生成CO_2、H_2和CH_3COOH等小分子物质[12-16]。通常情况下，前两个阶段所需要的时间比较短，不会成为含碳有机物降解的限速步骤，除非在前两个阶段生成的小分子酸类物质大量积累的情况下，才会出现抑制微生物生长代谢的情况；在第三个阶段，起主要作用的菌群是产甲烷菌，产甲烷菌以第二个阶段的产物为底物，通过自身的新陈代谢生成CH_4，这标志着含碳有机物被彻底降解转化，该阶段往往是含碳有机物降解的限速步骤。

在厌氧条件下，复杂含碳有机物的厌氧生物代谢途径如图5-2所示。

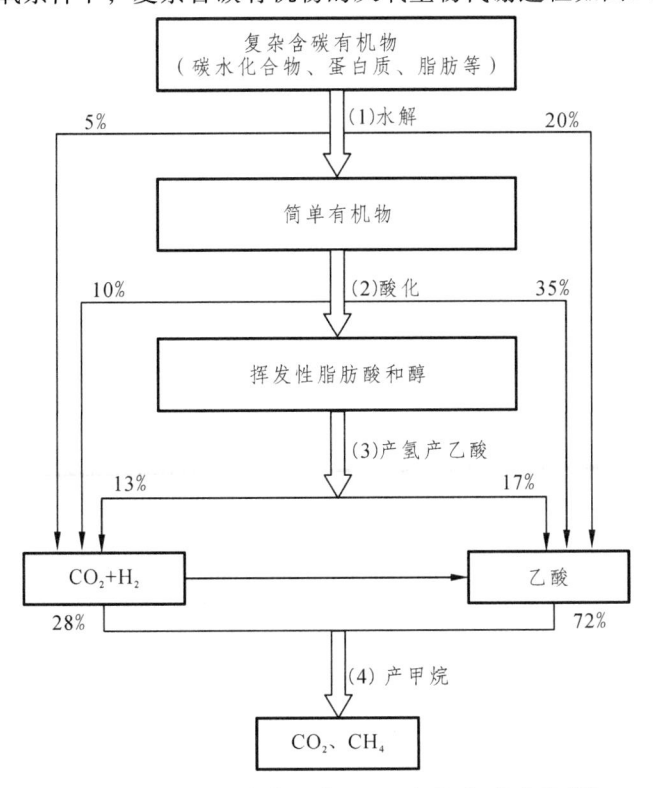

图5-2 复杂含碳有机物厌氧生物代谢途径[17]

2. 厌氧-准好氧生物反应器填埋场含碳物质降解机理

厌氧-准好氧生物反应器填埋场具备厌氧和准好氧生物反应器填埋场的优势,能够更快、更高效地完成对含碳物质的降解和转化。在准好氧单元,存在通风管道,空气通过管壁向填埋体内部渗透,填埋体内部氧气的含量随着距管道的距离增大而减少,内部环境由好氧向厌氧过渡,形成了好氧区、兼氧区和厌氧区。不同区域中生存着不类型的微生物,好氧区主要为好氧微生物,兼氧区主要为兼氧性微生物,而厌氧区则主要为厌氧微生物[18, 19]。正是这种立体的结构,大大丰富了微生物的种类,使得小分子含碳有机物在好氧区和兼氧区被快速降解,大分子复杂的含碳有机物的降解则主要发生在准好氧单元的厌氧区和厌氧单元。好氧微生物将小分子含碳有机物最终降解为CO_2和H_2O;复杂的含碳有机物先后经历酸化水解阶段、产氢产乙酸阶段和产甲烷阶段,最终转化为CO_2和CH_4。

连续交叉的回灌操作使得渗滤液在厌氧单元和准好氧单元之间循环流动。在渗滤液的冲刷和微生物的生物作用下,固相中的含碳有机物转移至液相,伴随渗滤液在厌氧区、兼氧区和厌氧区循环流动,在多种类型微生物的共同作用下,发生一系列生化反应,最终被转化为CO_2和CH_4,得以去除[20]。

5.2.2 含氮物质降解机理

1. 一般机理

微生物是填埋场污染物质降解的主体,填埋场内部含氮物质的降解主要依赖生物代谢作用。研究发现,在填埋场内部,含氮物质形态转化主要的生物过程包括生物固氮、同化作用、硝化作用、反硝化作用、氨化作用、异化性硝酸盐还原作用以及厌氧氨氧化作用等。其中,生物固氮仅在少数原核微生物的参与下才能完成,同化作用是满足微生物自身生长、繁殖所需要的代谢过程,二者不是填埋场内部含氮物质降解和转化的关键步骤,不作为重点进行分析。

填埋场内部含氮物质不同形态之间的转化途径、反应过程以及参与的微生物种类见表5-1。

表5-1 含氮物质生物转化途径[100]

名称	反应过程	微生物种类
生物固氮	$N_2 \rightarrow NH_3$	固氮细菌
同化作用	NH_3、$NO_3 \rightarrow$ 有机物	各种微生物
氨化作用	有机物 $\rightarrow NH_3$	各种微生物
硝化作用	$NH_3 \rightarrow NO_2$、NO_3	硝化细菌
反硝化作用	NO_3、NO_2、NO、NO_2O、$\rightarrow N_2$	反硝化细菌
异化性硝酸盐还原作用	NO_2、$NO_3 \rightarrow NH_3$	发酵性细菌
厌氧氨氧化作用	NH_3、$NO_2 \rightarrow N_2$	厌氧氨氧化细菌

(1) 氨化作用

含氮物质包括大分子的蛋白质和小分子的氨基酸、尿素等。在微生物的作用下，含氮物质被转化为氨的过程称为氨化作用。不管是好氧环境，还是厌氧环境，氨化作用均能够顺利进行[21]。在好氧环境中，含氮物质在好氧微生物的作用下被好氧分解，最终生成NH_3、CO_2和H_2O，并伴随有能量的产生；在厌氧环境中，在肽酶的作用下，填埋场中的蛋白质发生水解反应，肽键断裂，生成小分子的氨基酸，氨基酸在经过一系列反应后，生成NH_3、CH_3COOH、CO_2、H_2S等小分子物质；尿酸经过一系列反应，最终生成NH_3和CO_2。

① 好氧微生物作用。

在好氧细菌的作用下，含氮物质生成氨并释放能量的过程为

$$C_sH_tN_uO_v \cdot aH_2O + bO_2 \xrightarrow{好氧细菌} C_wH_sN_yO_z \cdot cH_2O + dH_2O + eCO_2 + fNH_3 + 能量 \quad (5\text{-}7)$$

② 厌氧微生物作用。

氨基酸是极性小分子物质，易溶于水，可透过细胞壁进入微生物细胞内部。进入微生物细胞内部的氨基酸，一部分用于合成细胞物质，另一部分在微生物的作用下，生成NH_3、CH_3COOH、CO_2、H_2S等小分子物质。反应过程如下：

$$2RCHNH_2COOH + 2H_2O \rightarrow RCOCOOH + RCH_2COOH + 2NH_3 \quad (5\text{-}8)$$

通常情况下，在微生物的作用下，尿酸被转化为尿素和乙醛酸。尿素在尿素酶存在的条件下发生酶促反应，生成不稳定的碳酸铵，碳酸铵被迅速分解为NH_2和CO_2，具体反应过程为

$$CO(NH_2) + 2H_2O + bO_2 \xrightarrow{\text{尿素酶}} (NH_4)_2CO_3 \longrightarrow 2NH_3 + CO_2 + H_2O \quad (5\text{-}9)$$

（2）硝化作用

在好氧条件下，硝化细菌能够将氨态氮转化为硝态和亚硝态氮，这一生物过程称为硝化作用[22]。

氨被转化为亚硝态氮这一过程的实现，既要有氨单加氧酶和羟胺氧化酶的共同参与，又必须有氧作为电子受体存在。在以上条件满足的情况下，氨先后在单加氧酶和羟胺氧化酶两种酶的作用下发生反应，最终生成亚硝态氮，具体过程如下：

$$NH_3 + O_2 + 2[H] \xrightarrow{AMO} NH_2OH + H_2O \quad (5\text{-}10)$$

$$NH_2OH + 0.5O_2 \xrightarrow{HAO} HNO_2 + 2H^+ + 2e^- \quad (5\text{-}11)$$

亚硝态氮转化成硝态氮这一过程所需要的条件极难保证，是含氮物质降解的限速步骤。主要原因为，参与该过程的亚硝酸氧化还原酶（NXR）是一种诱导酶，该种酶是生成比较困难，只有硝化杆菌在自养或异养条件下才能生成。亚硝态氮转化成硝态氮的过程如下：

$$NO_2^- + 0.5O_2 \xrightarrow{NXR} NO_3^- \quad (5\text{-}12)$$

经过上述一系列反应，氮的形态转化为硝态氮，硝态氮极易溶于水，且易透过细胞壁进入细胞内部，迁移性强，能够伴随渗滤液在填埋场内部

迁移。

(3) 反硝化作用

在厌氧或兼氧的条件下，反硝化细菌将硝态氮和亚硝态氮还原为氮气的生物反应称为反硝化作用[23]。反硝化作用是氮素从有机态到无机态返回大气的重要途径。反硝化细菌的种类繁多，没有专门群类。在缺氧条件下，硝酸盐能够代替氧成为反硝化细菌的电子供体，以此完成呼吸作用。硝态氮先后在硝酸盐还原酶（Nar）、亚硝酸盐还原酶（Nir）、一氧化氮还原酶（Nor）和氧化亚氮还原酶（Nos）的作用下，最终生成N_2，具体过程如下：

$$NO_3^- \xrightarrow{Nar} NO_2^- \xrightarrow{Nir} NO \xrightarrow{Nor} N_2O \xrightarrow{Nos} N_2 \quad (5-13)$$

氧气含量极低的兼氧或厌氧环境是反硝化作用发生的重要条件，只有在这种条件下，反硝化细菌才能利用硝酸盐代替氧进行反硝化作用，氧气含量越低，反硝化作用效果越好。

(4) 异化性硝酸盐还原作用

在无氧或微氧条件下，异化性硝酸盐还原菌将NO_3^-或NO_2^-作为最终电子受体进行厌氧呼吸代谢，硝酸盐还原生成中间产物N_2O，最终生成N_2的过程称为异化性硝酸盐还原作用[24]。在填埋场内部，反硝化菌的数量远远大于异化性硝酸盐还原菌，二者在竞争硝酸盐和亚硝酸盐时，异化性硝酸盐还原菌极易被淘汰。因此，异化性硝酸盐还原作用对填埋场中含氮物质转化影响较小。

(5) 厌氧氨氧化作用

在厌氧条件下，以NO_2^-作为最终电子受体，将氨氧化为N_2的过程称为厌氧氨氧化作用。氨氧化细菌对环境中的氧极为敏感，只能在氧分压低于5%氧饱和的条件下生存，一旦氧分压超过18%氧饱和，氨氧化细菌的活性就会受到抑制[25, 26]。厌氧氨氧化反应方程式如下：

$$NH_4^+ + 1.31NO_2^- + 0.0425CO_2 \longrightarrow 1.045N_2 + 0.22NO_3^- + 1.87H_2O + 0.09OH^- + 0.0425CH_2O \quad (5-14)$$

2. 厌氧-准好氧生物反应器填埋场含氮物质降解机理

在厌氧-准好氧生物反应器填埋场，既存在好氧区、兼氧区，又存在厌氧区。这种特殊的结构设计为各类型微生物提供了适宜的生长和代谢环境[27-29]，多样化的微生物种类为氮素不同形态之间的转化提供了必要条件。在多种微生物的共同作用下，含氮物质被最终降解为N_2，完成含氮物质的降解过程。

在厌氧单元中，严格的厌氧条件为反硝化细菌的生长代谢提供了良好条件。参与硝化作用的菌群以好氧细菌为主，在厌氧单元中，硝化作用能力较弱，这也正是传统厌氧生物反应器填埋场容易出现氨氮积累现象的主要原因。通过将厌氧单元与准好氧单元相串联，渗滤液在流经准好氧单元时，渗滤液中的含氮物质在好氧区或兼氧区发生硝化作用，转化成硝态氮和亚硝态氮，硝态氮和亚硝态氮又通过渗滤液回灌，进入准好氧的厌氧区和厌氧单元，发生反硝化作用，最终生成氮气。此外，有研究发现，在厌氧生物反应器填埋场，厌氧氨氧化作用对氨氮的去除率为10%~32%。因此，在厌氧-准好氧生物反应器填埋场的厌氧区，反硝化作用和厌氧氨氧化作用是主要的脱氮途径。在整个过程中，渗滤液在两个填埋单元之间循环流动，保证了含氮物质降解过程的各个环节所必需的条件。

综上所述，在准好氧单元的好氧区，硝化细菌作为优势菌群，将含氮物质转化成亚硝态氮和硝态氮；在准好氧单元的厌氧区和厌氧单元，反硝化菌和厌氧氨氧化菌同时存在，含氮物质最终被转化为N_2，被彻底降解；在兼氧区同时存在多种微生物，发生的微生物过程也较多，氨化作用、硝化作用、反硝化作用以及厌氧氨氧化作用可以共同存在，只是根据氧气含量的不同，优势菌群的种类有所差异。

5.2.3 重金属迁移转化机理

1. 一般机理

在填埋场中，重金属主要包括Zn、Cu、Cd、Pb、Ni、Cr、Hg以及Fe等，由于重金属本身具有不可降解性和容易发生富集的特点，成为关注的焦点[30]。随着电子产品的普及以及电子产品使用寿命的缩短，进一步加剧了重金属对环境的威胁。影响填埋场内部重金属迁移转化的因素主要包括吸附作用、沉淀作用以及微生物作用等。

（1）吸附作用

研究表明，吸附作用是影响填埋场内部重金属迁移的主要因素之一。一些学者认为，填埋场内部存在的胶粒物质能够与重金属相互作用，使其转移到渗滤液和地下水中[31]。然而，这种观点并没有得到所有人的支持，还有些学者持相反的观点，认为胶粒物质不一定可以加大重金属离子向液相转移的能力，反而可能因重金属与胶粒物质结合而被滞留在填埋场内部[32,33]。填埋场是一个复杂的体系，内部存在着种类繁多的胶粒物质和带有复杂官能团的有机物质，这些物质能够与重金属离子发生络合作用或是螯合作用。尽管研究者对吸附作用在重金属迁移过程中的具体影响持不同观点，但都认同吸附作用是影响重金属迁移的主要因素之一。

（2）沉淀作用

在填埋场内部，沉淀作用是影响重金属迁移的另一个重要因素[34]。首先，在填埋场内部，存在众多能够与重金属生成沉淀的无机物质。硫离子可以与重金属反应生成硫化物沉淀；氢氧根离子能够与重金属反应生成氢氧化物沉淀[30]；重金属还可以与填埋场内部的碳酸根以及磷酸根等离子反应生成沉淀[35]。这类无机离子的产生依赖于微生物的新陈代谢，比如，硫离子主要来源于硫酸盐还原菌的新陈代谢过程。当填埋场内部的微生物进行新陈代谢活动时，能够在一定程度上影响填埋场的氧化还原电位和pH值，进而影响重金属与氢氧化物生成沉淀的过程[179]。综上所述，重金属与无机离子之间的化学沉淀作用是影响填埋场内部重金属迁移的重要因素之一。

（3）微生物作用

微生物在进行烷基化、氧化、还原、配位和沉淀作用的过程中，能够影响重金属的迁移能力和生物有效性[36,37]。某些微生物，如硫酸盐还原菌，能够产生多糖、脂多糖、糖蛋白等胞外聚合物，大量的阴离子基团可与重金属离子结合；某些微生物产生的代谢产物是有效的重金属配位、螯合剂，如柠檬酸、草酸等。重金属能够与微生物或它们的代谢产物配位，降低重金属的迁移转化能力，进而被填埋场内的垃圾固定。

2. 厌氧-准好氧生物反应器填埋场重金属迁移转化机理

在填埋初期，厌氧单元和准好氧单元中均为酸性的环境，较低的pH值增大了重金属的溶解性和迁移能力，渗滤液中的重金属含量迅速升高。吸附作用是填埋场内部重金属迁移的主要影响因素之一，例如，腐殖质含量逐渐升高，重金属能够与腐殖质结合，被固定在填埋体内部。此外，填埋场内部存在大量的胶体物质，胶体物质对重金属具有一定的吸附能力。

沉淀作用是影响重金属迁移转化的另一重要因素。在厌氧单元，厌氧环境有利于重金属与硫化物生成沉淀，从而降低重金属在渗滤液中的含量，削弱了重金属的迁移能力；在准好氧单元，pH值上升速度快，重金属易与氢氧根离子发生化学沉淀反应，有研究表明，pH值升高还能够增加重金属的吸附量。

微生物作用也在一定程度上影响重金属的迁移转化。例如，当填埋场进入产甲烷阶段后，在微生物的作用下，重金属易发生烷基化、去烷基化等反应影响重金属的迁移能力。

综上所述，在厌氧-准好氧生物反应器填埋场内，污染物质的降解过程与重金属的迁移转化过程密切相关，填埋场内部复杂的物理、化学环境对重金属具有强大的沉淀和吸附功能。

5.3 污染物质降解影响因素

填埋场是一个复杂的微生态系统，填埋场内部污染物质的降解过程是物理、化学及生物作用的综合过程，且以生物作用为主导。因此，影响填埋场中污染物质降解的因素也较多，主要包括垃圾组分、填埋过程的压实密度以及影响微生物生长代谢的酸碱度、温度等。

5.3.1 垃圾特性

1. 垃圾组分

在垃圾组分中，易降解物质的含量越高，垃圾降解的速率越快。不同组分的降解速率差别很大，可生化性好的果蔬类、粮食类等食品垃圾的降解速率较快，塑料等高分子物质的降解则需要较长的时间。然而，当生活垃圾中的厨余类、草类所占的比重过高时，会加剧填埋场内部酸积累现象，影响产甲烷阶段的启动。随着电子产品的普及，垃圾中重金属的含量增加，重金属的毒性能够抑制微生物的活性，影响填埋场的稳定化进程。

2. 含水率

水是微生物进行生命活动所不可或缺的物质，微生物体内的水分大部分为自由水，是微生物进行各种代谢活动所必需的介质。填埋场内垃圾的含水率与微生物的活性息息相关，较低的含水率会抑制微生物的活性，影响微生物正常的生命活动，减缓填埋场的稳定化进程；较高的含水率可促进微生物的新陈代谢，提高污染物质的降解速率。另外，当填埋体系中的含水率较高时，有助于污染物质由固相向液相的迁移，加大污染物质的降解速率。研究发现，当填埋垃圾的含水率在60%~75%间时，垃圾中污染物质的降解速率最快[38]。

3. 营养物质

微生物的生长繁殖需要适宜的生长环境，环境中不仅应包含足够的碳源、氮源、磷源，还应保持合适的比例。研究表明，碳氮比可代表渗滤液的可生化性，碳氮比失调时，会严重影响微生物的活性。当C/N > 25时，微生物会出现氮饥饿状态。此外环境中还应包含生命活动所必需的微量元素，如维生素、镁、铁等。

4. 有毒物质

在填埋场内，常见的有毒物质包括高浓度的重金属离子、氨氮、硫化物等[39,40]。当重金属离子的含量过高时，会抑制微生物的活性，甚至会杀死菌体。在传统的厌氧生物反应器填埋场易出现氨氮居高不下的现象，高浓度的氨氮能够影响脱氢酶的活性。在厌氧环境中，有机物分解产生的有机酸易发生累积现象，抑制产甲烷反应的顺利进行。硫化物能够与重金属结合生成沉淀，降低重金属对微生物的毒性，但硫化物的浓度过高时，就会对微生物产生毒害作用。

5. pH

垃圾的降解主要在生物作用下完成，而pH值是影响微生物活性的重要因素之一。各种类型的微生物都有它适宜生长繁殖的pH范围，pH值过高或过低都会影响微生物的活性。例如，产甲烷菌的最适pH范围是6.8~7.2，当pH值低于5.6或高于8.7都会严重影响到产甲烷细菌的活性。此外，有研究发现，改变pH值能够引起环境中营养物质的可给性和有害物质的毒性发生改变。

5.3.2 填埋场操作与设计

1. 破碎

在填埋前，对垃圾进行破碎处理可以使垃圾混合得更为均匀，改善压实效果，增加填埋场库容利用率；可以增加固相和液相的接触面积，有助于难溶物质的溶出，有利于垃圾的快速降解；还可以减少塑料等物质引起的优先流问题，有利于提高回灌过程中布水的均匀程度。但是，有研究发现，垃圾的粒径对产甲烷反应有一定的影响，粒径过小不利于甲烷气体的生成[41]。另有研究发现，在破碎填埋区产生的渗滤液中，COD、重金属、总固体悬浮物等的浓度较高[42]。因此，在实际操作中，应合理控制垃圾的破碎粒径。

2. 压实

在实际填埋过程中，为了增加填埋场库容的利用率，往往会对填埋垃圾进行压实。压实对填埋场稳定化的影响主要有两个方面：一方面，压实会减少垃圾之间的空隙，从而减少了氧气的含量，缩短了填埋初期好氧降解阶段的时间，好氧降解对污染物质的降解速率远远大于厌氧阶段，因此，这一操作会延长填埋场稳定化所需要的时间。另一方面，压实操作能够影响垃圾的含水率，若垃圾本身的含水率未达到饱和状态，压实操作能够增大垃圾的含水率，含水率增大有利于微生物的新陈代谢，加速填埋场的稳定化进程；若填埋垃圾本身的含水率已经达到饱和状态，进一步压实垃圾，则会降低垃圾的含水率，延长填埋场稳定化所需要的时间。

3. 结构设计

厌氧单元的密闭设计以及准好氧单元导气管的孔径和开孔率都会影响污染物质的降解速率。厌氧单元的密闭性好，有利于形成完全厌氧环境，有利于反硝化作用的进行和复杂含碳有机物的降解，有利于产甲烷反应的顺利进行。准好氧单元导气管的直径及开孔率直接影响填埋场内部氧气的含量和分布，影响准好氧单元好氧区、兼氧区以及厌氧区的比例分配，影响微生物的种类，进而影响污染物质的降解速率。

5.3.3 外界环境

1. 温度

温度对微生物的活性有着很大的影响，每种类型的微生物都有其最适合生长的温度，温度过低会导致酶活性降低甚至失活，温度过高会破坏酶蛋白的结构，导致永久地失去活性，这种是不可逆的。在填埋场内，根据微生物最适的温度可以将微生物分为三类，即低温型、中温型和高温型。参与厌氧消化过程的细菌多为中温型和高温型的细菌。在填埋场内部，最适宜产甲烷过程的温度是41℃，温度过高或过低都会降低产甲烷的速率。

2. 降雨量和蒸发量

降雨量和蒸发量对污染物降解的影响主要体现在其对渗滤液产量的影响，若区域内的降雨量大于蒸发量，则渗滤液的产量会增大；相反，渗滤液的量就会减少。渗滤液的产量能够影响垃圾的含水率，进而影响垃圾的降解速率。另外，在酸雨地区，雨水的pH值小于5.6，降雨还会影响填埋场内部的酸碱度，进而影响微生物的活性。

5.4 基于运行机理的填埋场调控措施

在生物反应器填埋场中，实施调控措施的目的是改善填埋场内部微生态环境。通过人为的控制手段，为微生物的生长提供适宜的生长环境，加快垃圾的降解速率。常见的调控措施是渗滤液回灌、调节渗滤液的pH值、添加和补充营养物质以及对垃圾进行预处理等。

5.4.1 渗滤液回灌

渗滤液回灌是生物反应器填埋场与传统填埋场的重要区别，是实施人工调控的核心技术手段。渗滤液回灌操作有效维持了填埋场内部的水分，保证了微生物的正常生命活动。在厌氧准-好氧生物反应器中，将厌氧单元与准好氧单元相串联，使得污染物质能够在两个填埋单元中运移，充分利用不同区域的优势菌群，加快了污染物质的降解。例如，厌氧单元中的易降解有机物能够转移到准好氧单元中，在好氧细菌的作用下快速降解；准好氧单元的难降解的复杂有机物能够在厌氧单元中得到降解。

渗滤液回灌技术是一种高效的加速填埋场稳定化的措施，但在不同的稳定化阶段需设置不同的回灌条件，从而加快填埋场的稳定化进程。

5.4.2 pH 调节

微生物生长需要适宜的酸碱环境，pH太高或太低都会影响微生物的活性，因此，可以采取调节pH值的措施，辅助加快填埋场稳定化进程。例如，在产酸阶段，厌氧-准好氧生物反应器填埋场厌氧单元中的产酸菌能够将大量有机物转化成小分子的酸性物质，厌氧单元的pH值快速下降，较低的pH值不利于产甲烷菌的生长繁殖，产甲烷阶段的启动易推后，通过采取向渗滤液中添加碱性物质能够提高体系内部的碱度，加速产甲烷阶段的快速启动。

调节填埋场的酸碱度，应选择适合的物质，有研究发现，使用CO_3^{2-}或HCO_3^-的效果要比OH^-好。同时，pH值调节时间的选择应该根据实际情况确定，pH值调节的力度也不宜太大，不宜在短时间内快速改变体系的酸碱度。

5.4.3 温度控制

温度是影响微生物活性的重要因素。因此，理论上来说，合理地控制填埋场温度能够加快填埋场的稳定化进程，但这一措施实施难度大、成本高。填埋场内部污染物质的降解过程伴随着能量的释放，只要采取一定的保温措施，合理利用生物能，亦能加速填埋场的稳定化进程。对于大型填埋场来说，实施保温措施可以在垫层及覆盖层等部位采取技术性、经济性可行的措施。

5.4.4 营养添加和微生物接种

微生物接种能够在短时间内使填埋场中的微生物种类和数量快速增加，加快污染物质的降解速率。在填埋场运行初期，向渗滤液中或垃圾层中添加微生物，有利于微生物的快速繁殖；在填埋场运行后期，填埋场内部营养元素严重失衡，微生物的活性受到抑制，合理地向渗滤液中添加营养物质，能够弥补缺失的营养元素，加快微生物分解污染物质的速率。

5.4.5 垃圾预处理

常见的生活垃圾预处理措施为破碎和压实。破碎是用外力克服固体废物质点间的内聚力，使大块固体废物分裂成小块的过程。压实是采用机械方法对固体废物施加压力，挤除颗粒间隙，增加库容的有效方法。

　　破碎能够增加固相与液相的接触面积，有利于固相中污染物质的溶出，也有利于固相表面上的微生物降解渗滤液中溶解的污染物质。另外，破碎有利于垃圾的压实，使得压实密度高而均匀。但是，有研究表明，当压实密度太大时，会导致渗滤液中的COD下降缓慢，可能降低垃圾降解的速率。因此，在对填埋的生活垃圾进行预处理时，应该综合考虑各方面的影响因素，既要充分利用库容，又要兼顾垃圾的降解速率。

参考文献

[1] He R, Wei X M, Tian B H, et al.Characterization of a joint recirculation of concentrated leachate and leachate to landfills with a microaerobic bioreactor for leachate treatment[J].Waste Management, 2015, 46: 380-388.

[2] AHMADIFAR M, SARTAJ M, ABDALLAH M.Investigating the performance of aerobic, semi-aerobic, and anaerobic bioreactor landfills for MSW management in developing countries[J].Journal of Material Cycles&Waste Management, 2016.

[3] FENG S J, CAO B Y, et al. Modeling of leachate recirculation using vertical wells in bioreactor landfills[J].Environmental Science & Pollution Research, 2015.

[4] 王罗春,赵由才,陆雍森.垃圾填埋场稳定化评价[J].环境卫生工程,2001（4）: 09.

[5] LEYVA-DIAZ J C, CALDERÓN K, RODRÍGUEZ F A, et al.Comparative kinetic study between moving bed biofilm reactor-membrane bioreactor and membrane bioreactor systems and their influence on organic matter and nutrients removal[J].Biochemical Engineering Journal, 2013, 77（6）:

28-40.

[6] SUN H, CAI L, LIU X, et al. Domain-Specific Software Benchmarking Methodology Based on Fuzzy Set Theory and AHP[C]//International Conference on Computational Intelligence & Software Engineering.IEEE, 2010.

[7] HE P, YANG N, GU H, ET AL. N_2O AND NH_3 emissions from a bioreactor landfill operated under limited aerobic degradation conditions[J]. Journal of Environmental Sciences, 2011, 23（6）: 1011-1019.

[8] BUI X T, NGUYEN P D, VISVANATHAN C. Low flux submerged membrane bioreactor treating high strength leachate from a solid waste transfer station[J]. Bioresource Technology, 2013, 141: 25-28.

[9] CHUN S. A Study on the Mass Balance Analysis of Non-Degradable Substances for Bioreactor Landfill[J]. Environmental Engineering Research, 2012, 17（4）: 191-196.

[10] BAREITHER C A, BREITMEYER R J, BENSON C H, et al. Deer Track Bioreactor Experiment: Field-Scale Evaluation of Municipal Solid Waste Bioreactor Performance[J]. Journal of Geotechnical and Geoenvironmental Engineering, 2012, 138（6）: 658-670.

[11] KAEWMANEE A, CHIEMCHAISRI W, CHIEMCHAISRI C, et al.Treatment performance and membrane fouling characteristics of inclined-tube anoxic/aerobic membrane bioreactor applied to municipal solid waste leachate[J].Desalination and Water Treatment, 2016: 1-11.

[12] BAREITHER C A, BENSON C H, EDIL T B. Compression of Municipal Solid Waste in Bioreactor Landfills: Mechanical Creep and Biocompression[J]. Journal of Geotechnical and Geoenvironmental Engineering, 2013, 139（7）: 1007-1021.

[13] SETHI S, KOTHIYAL N C, NEMA A K. Stabilisation of municipal solid

waste in bioreactor landfills - an overview[J]. International Journal of Environment and Pollution, 2013, 51（1-2）: 57-78.

[14] ZHENG H, LI D, Stanislaus M S, et al. Development of a bio-zeolite fixed-bed bioreactor for mitigating ammonia inhibition of anaerobic digestion with extremely high ammonium concentration livestock waste[J]. Chemical Engineering Journal, 2015, 280: 106-114.

[15] CHIEMCHAISRI C, CHIEMCHAISRI W, NINDEE P, et al. Treatment performance and microbial characteristics in two-stage membrane bioreactor applied to partially stabilized leachate[J]. Water Science and Technology, 2011, 64（5）: 1064-1072.

[16] MALI S T, KHARE K C, BIRADAR A H. Enhancement of methane production and bio-stabilisation of municipal solid waste in anaerobic bioreactor landfill[J]. Bioresource Technology, 2012, 110: 10-17.

[17] 高廷耀，顾国维. 水污染控制工程 [M]. 2版. 水污染控制工程（第二版），1999.

[18] TRZCINSKI A P, STUCKEY D C. Denaturing Gradient Gel Electrophoresis Analysis of Archaeal and Bacterial Populations in a Submerged Anaerobic Membrane Bioreactor Treating Landfill Leachate at Low Temperatures[J]. Environmental Engineering Science, 2012, 29（4）: 219-226.

[19] LOZECZNIK S, SPARLING R, OLESZKIEWICZ J A, et al. Leachate treatment before injection into a bioreactor landfill: Clogging potential reduction and benefits of using methanogenesis[J]. Waste Management, 2010, 30（11）: 2030-2036.

[20] COSSU R, MORELLO L, RAGA R, et al. Biogas production enhancement using semi-aerobic pre-aeration in a hybrid bioreactor landfill[J]. Waste Management, 2016, 55（SI）: 83-92.

[21] YU P, ZHAO S. Nitrogen Removal from Leachate by Improved Membrane Bioreactor and Mechanism Analysis[J].China Water & Wastewater, 2012, 28(11): 94-97.

[22] WANG Y, SUN Y, WANG L, et al. N$_2$O emission from a combined ex-situ nitrification and in-situ denitrification bioreactor landfill[J]. Waste Management, 2014, 34(11): 2209-2217.

[23] 程家丽. 准好氧填埋场内氮素动态变化特征研究[D]. 重庆：西南大学, 2007.

[24] 蒋然, 陈韦丽, 王伟, 等. 珠江河口沉积物通过异化还原成铵的氮素内源性污染研究[J]. 珠江现代建设, 2015(3): 24-28.

[25] 姚鹏, 于志刚. 海洋环境中的厌氧氨氧化细菌与厌氧氨氧化作用[J]. 海洋学报（中文版）, 2011(4): 1-8.

[26] 王惠, 刘研萍, 陶莹, 等. 厌氧氨氧化菌脱氮机理及其在污水处理中的应用[J]. 生态学报, 2011(7): 2019-2028.

[27] 李启彬, 刘丹, 欧阳峰, 等. 厌氧-准好氧运行加速生物反应器填埋场垃圾稳定的研究[J]. 环境科学, 2006(2): 371-375.

[28] 孙万佳. 垃圾填埋场渗滤液生物强化脱氮研究[D]. 天津：天津科技大学, 2012.

[29] 李敏. 厌氧-准好氧联合型生物反应器填埋场协调运行研究[D]. 成都：西南交通大学, 2014.

[30] 涂培. 成都长安垃圾填埋场周边土壤重金属污染现状分析及评价[D]. 雅安：四川农业大学, 2013.

[31] 龙於洋. 生物反应器填埋场中重金属Cu和Zn的迁移转化机理研究[D]. 杭州：浙江大学, 2009.

[32] 张志彬, 岳波, 黄启飞, 等. 准好氧填埋工艺垃圾重金属的污染特征[J]. 环境工程, 2014(S1): 641-644.

[33] 何小松, 高如泰, 席北斗, 等. 生活垃圾填埋有机物演化对渗滤液中

重金属分布的影响[C]. 2014中国环境科学学会学术年会，中国四川成都，2014.

[34] ZOLFAGHARI M，DROGUIA P，BRAR S K，et al. Effect of bioavailability on the fate of hydrophobic organic compounds and metal in treatment of young landfill leachate by membrane bioreactor[J]. Chemosphere，2016，161：390-399.

[35] GWOREK B，DMUCHOWSKI W，KODA E，et al. Impact of the Municipal Solid Waste Lubna Landfill on Environmental Pollution by Heavy Metals[J]. Water，2016，8（47010）.

[36] 杨玉江. 填埋场生活垃圾降解与稳定化过程研究[D]. 上海：同济大学，2007.

[37] 彭永臻，张树军，郑淑文，等. 城市生活垃圾填埋场渗滤液生化处理过程中重金属离子问题[J]. 环境污染治理技术与设备，2006（1）：1-5.

[38] 李启彬，刘丹. 生物反应器填埋场理论与技术[M]. 北京：中国环境科学出版社，2010.

[39] 何若，沈东升，戴海广等. 生物反应器填埋场系统中城市生活垃圾原位脱氮研究[J]. 环境科学，2006，（3）：3604-3608.

[40] 成瑞. 东北某市生活垃圾处理现状分析与资源化工艺方案[D]. 哈尔滨：哈尔滨工业大学，2014.

[41] 朱胜. 垃圾粒径对城市生活垃圾热解影响实验研究[D]. 武汉：华中科技大学，2011.

[42] GERASSIMIDOU S，EVANGELOU A，KOMILIS D. Aerobic biological pretreatment of municipal solid waste with a high content of putrescibles：effect on landfill emissions[J]. Waste Management & Research，2013，31（8SI）：783-791.

PART SIX

厌氧-准好氧生物反应器填埋场最优工况

6.1 试验组织与实施

6.1.1 试验设备和材料

为研究厌氧-准好氧生物反应器填埋场的最佳运行条件，分别在产酸阶段和产甲烷阶段进行了三水平四因素的正交试验。试验采用R3-R7室内模拟装置，分两个批次进行试验。室内模拟装置的结构以及填埋垃圾的组分、物化特性等见第4章。

6.1.2 产酸阶段正交试验设计

1. 试验因素和水平

本试验着重考察渗滤液回灌调控作用对运行效果的影响，选取渗滤液回灌频率、回灌比例、pH调节和曝气时间4个因素来研究厌氧-准好氧生物反应器填埋场的最优工况。试验因素和水平设计见表6-1。

表6-1 正交试验因素和水平

水平	因素			
	回灌频率（A）	回灌比例（B）	pH调解（C）	曝气时间（D）
1	1 d/次	50%	不调节	0 min
2	2 d/次	75%	7.5	10 min
3	3 d/次	100%	8	20 min

注：回灌比例的50%（75%、100%）表示将准好氧单元（厌氧单元）产生渗滤液体积的50%（75%、100%）回灌到与之串联的厌氧单元（准好氧单元）。

2. 方案

本试验是一个4因素3水平的试验，选用$L_9(3^4)$型正交表来安排试验组。由于本试验平行的试验组仅有5个（R3~R7），将正交试验分两个批次进行：第一批次运行1~4组试验，第二批次运行5~9组试验。每一批次运行时间为3个周期（1个周期6天）。正交试验批次设计及各组试验选用的模型编号详见表6-2。

表6-2　正交试验设计一览表

序号	A	B	C	D	试验模型
1	1 d/次	50%	不调节	0 min	R3
2	1 d/次	75%	7.5	10 min	R4
3	1 d/次	100%	8	20 min	R5
4	2 d/次	50%	7.5	20 min	R7
5	2 d/次	75%	8	0 min	R3
6	2 d/次	100%	不调节	10 min	R4
7	3 d/次	50%	8	10 min	R5
8	3 d/次	75%	不调节	20 min	R6
9	3 d/次	100%	7.5	0 min	R7

6.1.3　产甲烷阶段正交试验设计

1. 试验因素和水平

本试验着重考察渗滤液回灌调控作用对运行效果的影响，选取渗滤液回灌频率、回灌比例、回灌速率和pH等4个因素来研究产甲烷阶段的最优工况。各因素及其水平值设计详见表6-3。

6 厌氧-准好氧生物反应器填埋场最优工况

表6-3 正交试验因素和水平

水平	因素			
	回灌频率（A）	回灌比例（B）	回灌速率（C）	pH（D）
1	1 d/次	50%	10 mL/min	7
2	2 d/次	75%	15 mL/min	7.5
3	3 d/次	100%	20 mL/min	8

注：回灌比例的50%（75%、100%）表示将准好氧单元（厌氧单元）产生渗滤液体积的50%（75%、100%）回灌到与之串联的厌氧单元（准好氧单元）。

2. 试验方案

本试验是一个4因素3水平的正交试验，选用$L_9(3^4)$型正交表来安排试验组。由于本试验平行的联合型模型仅5个（R3~R7），正交试验分两批次进行：第一批次运行1~4组试验，第二批次运行5~9组试验。每一批次运行时间为3个周期（1个周期6天）。正交试验各组试验选用的模型编号详见表6-4。

表6-4 正交试验设计一览表

序号	A	B	C	D	试验模型
1	1 d/次	50%	10 mL/min	7	R3
2	1 d/次	75%	15 mL/min	7.5	R4
3	1 d/次	100%	20 mL/min	8	R5
4	2 d/次	50%	15 mL/min	8	R7
5	2 d/次	75%	20 mL/min	7	R3
6	2 d/次	100%	10 mL/min	7.5	R4
7	3 d/次	50%	20 mL/min	7.5	R5
8	3 d/次	75%	10 mL/min	8	R6
9	3 d/次	100%	15 mL/min	7	R7

3. 试验结果分析方法

采用直观分析方法和方差分析法，对产酸阶段和产甲烷阶段的正交试验结果进行分析，分别得出影响COD和NH_3-N去除率各因素的主次顺序，并对方差分析进行了检验，结合COD和NH_3-N的去除率，利用综合平衡法归纳出厌氧-准好氧生物反应器填埋场在产酸阶段和产甲烷阶段的最佳运行工况。

直观分析法的核心是极差分析，极差大小能够反映因素对结果的影响程度，对于三水平或三水平以上的因素可以做出因素与指标的关系图，即效应曲线图[1]。从效应曲线图能够直观地看出各个因素不同水平之间的变化趋势，其作图方法为：以正交试验各因素的不同水平为横坐标，以不同因素水平对应的考察指标为纵坐标，在图中作出相应点，然后，将这些点用折线连接起来。根据因素不同水平对应点的高低相差程度，区分因素对结果影响的大小。同一因素数据点的高低相差越大，表明此因素的不同水平对结果影响越大，则此因素比较重要；数据点之间的高低相差小，表明此因素的不同水平对结果影响小，则此因素是次要的。

直观分析不能估计试验过程和试验结果测定中必然存在的误差大小。也就是说，不能区分某因素各水平所对应的试验结果之间差异的来源，不能判断差异是由因素水平不同引起的，还是由试验误差引起的，也不能分析精度。方差分析正是能够将因素水平变化所引起的试验结果间的差异与误差波动所引起的差异区分开来的一种数学方法[2]。

直观分析的步骤如下：

① 计算各因素的极差R_j。

在每个运行周期结束时，测定准好氧单元出水COD、NH_3-N的浓度，分别将COD和NH_3-N的浓度下降值除以运行周期起始时的浓度，在此基础上，求得3个运行周期的平均值，从而得到去除率y，然后，根据下式计算出4个影响因素的极差R_j。

$$R_j = \max\{\overline{k_{ij}}\} - \min\{\overline{k_{ij}}\} \quad (6\text{-}1)$$

其中，$\overline{k_{ij}}$ 为第 j 个影响因素的水平号为 i 的各次试验结果的平均值。

② 画出效应曲线图。

③ 根据因素的主次顺序，确定最优组合。

方差分析的计算方法如下：

① 计算各因素的离差平方和 $S_{因}$。

$$S_{因} = \frac{Q}{3} - \frac{G^2}{9}$$

其中，$Q = \frac{1}{3}(K_1^2 + K_2^2 + K_3^2)$，$K_i$ 为某一列第 i 水平对应的去除率之和，

$$G = \sum_{i=1}^{9} y_i$$

② 计算自由度 f，$f=n-1$，$f_{因}=n_a-1$，n 为因素水平数。

③ 计算平均离差平方和 MS，$MS = \dfrac{S}{f}$。

④ F 检验。

其中，$F = \dfrac{MS_{因}}{MS_{误差}}$。

6.2 试验结果与分析

6.2.1 产酸阶段正交试验结果统计

在产酸阶段，COD 和 $NH_3\text{-}N$ 在三个运行周期的去除率见表6-5。

表6-5　COD和NH_3-N去除率统计表

试验编号	COD去除率			NH_3-N去除率		
	周期1	周期2	周期3	周期1	周期2	周期3
1	24.19	25.74	28.25	15.35	18.11	14.60
2	30.79	32.43	33.65	7.02*	17.56	16.36
3	42.83	40.27	41.94	17.48	16.72	19.05
4	39.29	39.70	38.82	16.15	16.17	16.91
5	48.49	45.15	48.35	22.73	22.33	24.36
6	39.22	36.28	40.72	17.53	16.26	17.30
7	65.21	70.24	69.33	19.34	18.23	20.87
8	49.63	55.16	56.91	20.67	18.16	19.91
9	51.55	49.03	50.20	17.22	14.53	14.78

* 异常值，舍弃。

产酸阶段正交试验结果见表6-6。

表6-6　产酸阶段正交试验结果统计表

序号	A	B	C	D	COD去除率/%	NH_3-N去除率/%
1	1	1	1	1	26.06	16.02
2	1	2	2	2	32.29	16.96
3	1	3	3	2	41.68	17.75
4	2	1	2	3	39.27	16.41
5	2	2	3	1	47.33	23.14
6	2	3	1	2	38.74	17.03
7	3	1	3	2	68.26	19.48
8	3	2	1	3	53.90	19.58
9	3	3	2	1	50.26	15.51

由表6-6可知，不同运行条件对COD和NH_3-N的去除率影响较大。COD去除率的变化范围为26.06%~68.26%，其中，序号7试验组的COD去除率最

高，达68.26%。NH$_3$-N去除率变化范围为15.51%~23.14%，其中，序号5试验组的NH$_3$-N的去除率最高，为23.14%。

1. 直观分析

分别以COD去除率和氨氮去除率为考察指标做极差分析，结果见表6-7。

表6-7 极差分析表

指标	极差分析	A	B	C	D
COD去除率/%	K_1	100.02	133.59	118.71	123.66
	K_2	125.34	133.53	121.83	139.29
	K_3	172.41	130.68	157.26	134.85
	k_1	33.34	44.53	39.57	41.22
	k_2	41.78	44.51	40.61	46.43
	k_3	57.47	43.56	52.42	44.95
	R	24.13	0.97	12.86	5.21
NH$_3$-N去除率/%	K_1	50.73	51.909	52.629	54.669
	K_2	56.58	59.679	48.879	53.469
	K_3	54.57	50.289	60.369	53.739
	k_1	16.91	17.303	17.543	18.223
	k_2	18.86	19.893	16.293	17.823
	k_3	18.19	16.763	20.123	17.913
	R	1.95	3.13	3.83	0.40

（1）COD

每列因子极差的大小反映了置于该列的因子对试验结果影响程度的大小，它越大说明该因子对试验结果的影响越大。因此，可根据极差R的大小，排列出各因子对试验结果影响的主次顺序。将表6-6中各列极差R从大到小排列，得各因子对COD去除率影响的主次顺序：

主 $\xrightarrow{A \to C \to D \to B}$ 次

要想取得较大的COD去除效率，采用A3B1C3D2组合工况较为有利，即回灌频率3 d/次，回灌比例50%，调节渗滤液pH值为8，渗滤液曝气时间10 min。

以各因子的水平为横坐标，以k_i为纵坐标做出效应曲线图（图6-1）。由图6-1可以直接看出各因子不同水平之间的变化趋势，在产酸阶段，为提高渗滤液中COD去除率，应该选择较低的回灌频率；回灌比例选用不同水平时，试验结果的影响差别很小；增加渗滤液的pH值，有利于COD的去除，其主要原因为，在产酸阶段，渗滤液和填埋体系为酸性环境，加入碱可以中和酸，有利于微生物的新陈代谢；适当的曝气有利于好氧微生物的生长繁殖，但对结果的影响不是很大。

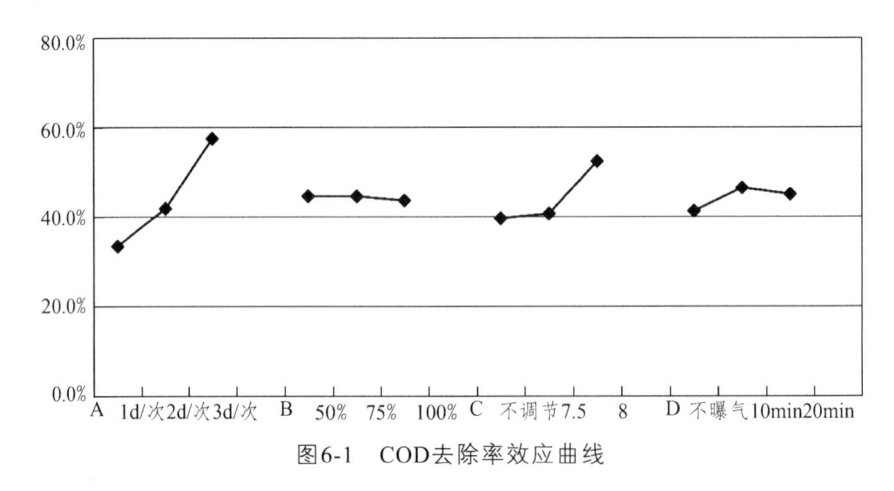

图6-1　COD去除率效应曲线

（2）NH_3-N

将表6-6中各列极差R从大到小排列，得各因子对NH_3-N去除率影响的主次顺序：

主 $\xrightarrow{C \to B \to A \to D}$ 次

若想取得较大的NH_3-N去除效率，采用A2B2C3D1组合工况更为有利，即回灌频率2d/次，回灌比例75%，渗滤液pH值调至8，不对渗滤液曝气。

6 厌氧-准好氧生物反应器填埋场最优工况

以各因子的水平为横坐标，以k_i为纵坐标，做出氨氮去除率的效应曲线图（见图6-2）。由图6-2可以直接看出各因子不同水平之间的变化趋势，曝气时间对氨氮去除结果的影响最小；pH值是影响氨氮去除效果的最主要因素，提高渗滤液的pH值有利于氨氮的去除。

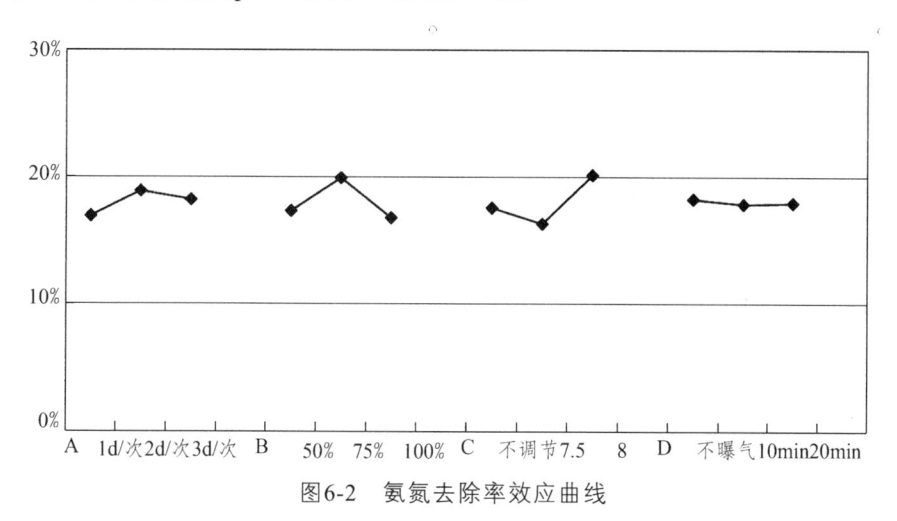

图6-2 氨氮去除率效应曲线

根据极差分析以及效应曲线图可知，COD和氨氮去除率达到最优时的运行条件存在区别。因此，为使渗滤液中COD和氨氮的去除率均达到一个比较理想的效果，应该结合影响两项指标的各因素的主次顺序，进行综合考量，选择出一个比较理想的工况条件。具体分析过程如下。

因素A：从COD去除率考量，回灌频率应选择3 d/次，从氨氮去除率的角度考量，应选择2 d/次，存在矛盾。然而，回灌频率是影响前者的最主要因素，是影响后者的第三因素，在确定最优工况时，应依据COD去除率的大小来确定。在产酸阶段，系统内酸性物质浓度高，较高的回灌频率容易引起酸积累现象，增加稳定化所需的时间。同时，维持较高回灌频率对于实际运行的填埋场来说，增加了资金负担。综上所述，将回灌频率设置为3 d/次（A3）更为合适。

因素B：对COD和氨氮去除率而言，最优的回灌比例分别为50%和75%，最佳运行条件不一致。然而，回灌频率对二者的影响程度不同，是影响氨氮去除率的第二因素，是影响COD去除率的第三因素。因此，在确定最佳运行条件时，主要考量氨氮去除率这一指标，即将回灌比例确定为75%。渗滤液中含有丰富的有机物和微生物，在流经不同单元时，渗滤液中有机物及微生物的种类也会相应的发生变化。厌氧单元中以厌氧微生物为主，准好氧单元中的微生物种类则更为丰富，渗滤液交叉回灌有利于厌氧单元中氨氮的降解。

因素C：对COD和氨氮而言，在回灌前将渗滤液的pH值调节至8.0的条件下，二者的去除率最大，最佳运行条件一致。pH的大小是影响COD去除率和氨氮去除率的第二因素和第一因素。研究表明，在产酸阶段，适当提高系统内的pH，有利于缓解反应器内的酸积累现象。

因素D：该因素对COD和氨氮去除率的影响效果均不大，分别为第三因素和第四因素。选择最优运行条件时，主要依据COD去除率这一指标，即选择曝气10 min（D2）。对回灌前的渗滤液进行曝气，能在一定程度上增大反应器内部空间的氧含量，从而促进好氧微生物的新陈代谢。原则上讲，选择曝气时间长的水平较为有利，由于试验误差、准好氧单元中导气管直径及开孔率的影响，填埋场内部的供氧量有保障，使得曝气时间对试验结果的影响效果不大。再者，考虑到农村地区政府资金紧缺、技术人才缺乏，对渗滤液进行曝气处理，在很大程度上增加运行成本和管理成本。综上所述，选择不曝气。

根据以上分析可知，在产酸阶段，厌氧-准好氧生物反应器填埋场的最优工况为A3B2C3D1，即在回灌频率3 d/次，回灌比例75%，渗滤液pH值调至8.0，渗滤液不曝气的条件下，处于产酸阶段的厌氧-准好氧联合型生物反应器填埋场运行效果最为理想。

2. 方差分析

在直观分析过程中，没有考虑误差对试验结果的影响，采用方差分析可消除这方面的影响。本试验为四因素三水平的正交试验,在正交表上安排了四个因素,无空白列,又因填埋模拟装置中渗滤液及垃圾的状态随时间而发生变化,时间过长会导致试验误差的增大,因此未做重复试验。根据文献可知,对既无空白列,又无重复试验的正交试验,可以选用平均离差平方和MS最小的一项作为误差项[3]。

（1）COD

由公式计算出因素B（回灌比例）的平均离差平方和最小,为1.838,试验将误差定为1.84,以COD去除率为指标的方差分析结果见表6-8。

表6-8 方差分析表（COD）

方差来源	平均离差平方和MS	自由度f	F值	F临界值	显著性
A（回灌频率）	899.715	2	489.508		***
B（回灌比例）	1.838	2	1.00	$F_{0.01}(2,2)=99.0$	
C（pH）	306.009	2	166.490	$F_{0.05}(2,2)=19.0$	***
D（曝气时间）	43.307	2	23.562	$F_{0.1}(2,2)=9.0$	**
误差	1.84	2			

由方差分析的结果看,影响COD去除率因素的主次顺序为A→C→D→B,这与直观分析的结果相同。为确定各因素对COD去除率的影响程度,对该试验结果进行了F检验。由F值与F临界值的比较来看,因素A（回灌频率）和C（pH）所对应的F值大于$F_{0.01}(2,2)$,表明因素A和C条件的改变对试验结果的影响高度显著,因素D（曝气时间）所对应的F值介于$F_{0.01}(2,2)$和$F_{0.05}(2,2)$之间,说明因素D（曝气时间）条件的改变对试验结果的影响显著。

（2）NH_3-N

由公式计算出因素D（曝气时间）的平均离差平方和最小,为0.264,

试验将误差定为0.26，以氨氮去除率为指标的方差分析结果见表6-9。由方差分析结果看，影响氨氮去除率因素的主次顺序为C→B→A→D，这与直观分析的结果相同。为确定各因素对COD去除率的影响程度，对该试验结果进行了F检验，由各因素所对应的F值与F临界值的比较结果来看，因素A（回灌频率）、B（回灌比例）和C（pH）对应的F值均介于$F_{0.05}$（2，2）和$F_{0.01}$（2，2）之间，这说明因素A（回灌频率）、B（回灌比例）和C（pH）试验条件的改变对试验结果的影响显著。

表6-9　方差分析表（氨氮）

方差来源	平均离差平方和MS	自由度f	F比	F临界值	显著性
A（回灌频率）	5.890	2	22.311	$F_{0.01}$（2，2）=99.0 $F_{0.05}$（2，2）=19.0 $F_{0.1}$（2，2）=9.0	**
B（回灌比例）	16.797	2	63.625		**
C（pH）	22.888	2	86.697		**
D（曝气时间）	0.264	2	1.000		
误差	0.26	2			

6.2.2 产甲烷阶段正交试验结果统计

在产甲烷阶段，COD和氨氮在三个运行周期的去除率见表6-10。

表6-10　COD和氨氮去除率统计表

试验编号	COD去除率			氨氮去除率		
	周期1	周期2	周期3	周期1	周期2	周期3
1	19.74	22.27	23.66	22.16	20.11	26.01
2	24.09	27.73	26.69	17.34	17.56	22.58
3	23.85	20.18	21.66	11.63*	19.83	19.07
4	26.81	24.77	23.96	14.81	16.17	16.96

续表

试验编号	COD去除率			氨氮去除率		
	周期1	周期2	周期3	周期1	周期2	周期3
5	16.23	13.06	14.09	16.236	14.33	5.65*
6	19.82	17.88	21.82	14.26	12.79	12.4
7	13.17	14.37	14.64	15.17	16.23	15.82
8	15.04	14.55	10.19	14.38	16.16	15.51
9	19.22	22.76	23.45	15.72	14.53	14.27

* 异常值，舍弃。

产甲烷阶段正交试验结果见表6-11。由表6-11可知，不同运行条件对COD和氨氮的去除率影响较大。在序号2试验组中，COD去除率最高，为26.17%；在序号1试验组中，氨氮去除率最高，为22.76%。

表6-11 产甲烷阶段正交试验结果统计表

序号	A	B	C	D	COD去除率/%	氨氮去除率/%
1	1 d/次	50%	10 mL/min	7	21.89	22.76
2	1 d/次	75%	15 mL/min	7.5	26.17	19.16
3	1 d/次	100%	20 mL/min	8	22.23	19.45
4	2 d/次	50%	15 mL/min	8	25.18	15.98
5	2 d/次	75%	20 mL/min	7	14.46	15.28
6	2 d/次	100%	10 mL/min	7.5	19.84	13.15
7	3 d/次	50%	20 mL/min	7.5	14.06	15.74
8	3 d/次	75%	10 mL/min	8	13.26	15.35
9	3 d/次	100%	15 mL/min	7	21.81	14.84

1. 直观分析

分别以COD去除率和氨氮去除率为指标做极差分析,分析结果见表6-12。

表6-12 极差分析表

指标	极差分析	A	B	C	D
COD去除率/%	K_1	70.290	61.131	54.990	58.161
	K_2	59.481	53.889	73.161	60.069
	K_3	49.131	63.879	50.751	60.669
	k_1	23.430	20.377	18.33	19.387
	k_2	19.827	17.963	24.387	20.023
	k_3	16.377	21.293	16.917	20.223
	R	7.053	3.330	7.470	0.836
氨氮去除率/%	K_1	61.371	54.48	51.261	52.881
	K_2	44.409	49.791	49.98	48.051
	K_3	45.93	47.439	50.469	50.781
	k_1	20.457	18.16	17.087	17.627
	k_2	14.803	16.597	16.66	16.017
	k_3	15.31	15.813	16.823	16.927
	R	5.654	2.347	0.427	1.610

(1) COD

每列因子的极差大小反映了置于该列的因子对试验结果影响的大小,它越大说明该因子对试验结果的影响越大。因此,可根据极差R的大小排列,得出各因子对试验结果影响的主次顺序。由表6-12可知,在产甲烷阶段,各因子对COD去除率影响的主次顺序为

$$\text{主} \xrightarrow{\text{C→B→A→D}} \text{次}$$

要想取得较大的COD去除效率,采用A1B3C2D3组合工况较为有利,即回灌频率1 d/次,回灌比例100%,回灌速率15 mL/min,调节渗滤液pH值

为8.0。

以各因子的水平为横坐标，以k_i为纵坐标，做出效应曲线图，如图6-3所示。由图6-3可以直接看出各因子不同水平之间的变化趋势。在产甲烷阶段，为提高渗滤液中COD的去除率，适宜选择较高的回灌频率；是否调节渗滤液的pH值对试验结果的影响较小；增加渗滤液的回灌速率对试验结果的影响比较明显，这主要是由于回灌速率在一定程度上影响了渗滤液在填埋体系内部驻留的时间，回灌速率过快，不利于微生物与垃圾表面的接触，回灌速率过慢，垃圾析出的污染物质也会相应增加，试验结果表明，当回灌速率为15 mL/min时，COD的去除效果最优。

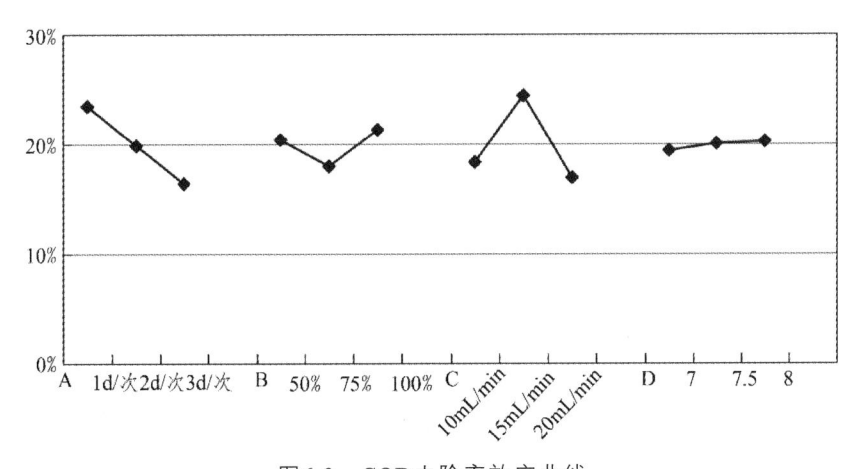

图6-3 COD去除率效应曲线

（2）NH$_3$-N

由表6-12可知，将各列极差R从大到小进行排列，得到各因子对NH$_3$-N去除率影响的主次顺序：

主 $\xrightarrow{A \to B \to D \to C}$ 次

若想取得较大的氨氮去除效率，采用A1B1C1D1组合工况更为有利，即回灌频率1 d/次，回灌比例50%，回灌速率10 mL/min，渗滤液pH值调至7.0。

以各因子的水平为横坐标，以k_i为纵坐标，做出氨氮去除率的效应曲线图（见图6-4）。由图6-4可以直接看出各因子不同水平之间的变化趋势。回灌速率对氨氮去除结果的影响最小；回灌频率是影响氨氮去除效果的最主要因素；氨氮去除效果随回灌比例的增加而降低；pH对氨氮去除效果的影响程度不大，在产甲烷阶段，体系内的碱度已经增加，厌氧单元和准好氧单元均无酸积累现象，内部环境适宜微生物的生长代谢。

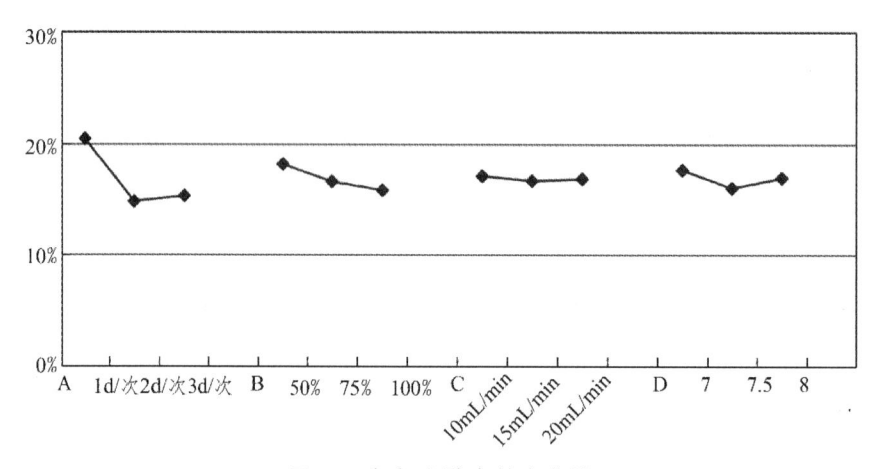

图6-4　氨氮去除率效应曲线

根据极差分析以及效应曲线图可知，在产甲烷阶段，COD和氨氮去除率达到最优时的运行条件存在区别。因此，为使渗滤液中COD和氨氮的去除率均保持在一个比较高的效果水平，应结合影响两项指标的各因素的主次顺序进行综合考量，从而确定出一个比较理想的工况条件，具体分析如下。

因素A：当回灌频率选择1 d/次时，COD和氨氮的去除率均为最大。回灌频率是影响COD去除效果的第二因素，是影响氨氮去除效果的第一因素。在产甲烷阶段，厌氧单元的厌氧环境已经形成，有机物的好氧降解阶段也已消失，较高的回灌频率保证了硝酸盐和亚硝酸盐从准好氧单元向厌氧单元转移，有利于含氮有机物的降解。厌氧单元存在着大量产氢产乙酸菌的代谢产物，较高的回灌频率可以加快渗滤液的循环，有利于酸性的代谢产物转移至准好氧单元，加快含碳有机物的降解速率。

因素B：对COD和氨氮的去除率而言，最优的回灌比例分别为100%和50%，最佳运行条件并不一致。然而，回灌频率对二者的影响程度不同，是影响氨氮去除率的第二因素，是影响COD去除率的第三因素。因此，在确定最佳运行条件时，主要考量氨氮去除率这一指标，即将回灌比例确定为50%。

因素C：回灌速率分别是影响COD去除率和氨氮去除率的第一因素和第四因素。在选择最优运行条件时，应首要考虑对COD去除率的影响效果。若回灌速率过大，会增大渗滤液对垃圾的冲刷力度，减少微生物与固相垃圾的接触时间，不利于微生物的活动；若回灌速率过小，不利于厌氧单元中有机物向准好氧单元的迁移，试验结果显示，当回灌速率为15 mL/min时，COD去除效果最好。因此，应该将回灌速率设置为15 mL/min。

因素D：该因素对COD和氨氮去除率的影响程度均不大，分别为第四因素和第三因素。选择最优运行条件时，主要依据氨氮去除率这一指标，即调节pH为7.0。对回灌前的渗滤液进行pH调节，在一定程度上能加大体系的碱度，原则上升高pH值有利于中和厌氧单元的酸性物质。在产甲烷阶段，准好氧单元产生的碱度能够通过渗滤液进入厌氧单元，pH对COD和氨氮去除率的影响效果被削弱。再者，考虑到农村地区政府资金紧缺、技术人才缺乏，调节pH值在很大程度上增加运行成本和管理成本。综上所述，选择不调节渗滤液的pH。

由以上分析可知，在产甲烷阶段，厌氧-准好氧生物反应器填埋场的最优工况为A1B1C2D1，即在回灌频率1 d/次，回灌比例50%，回灌速率15 mL/min，不调节pH的条件下，处于产甲烷阶段的厌氧-准好氧生物反应器填埋场运行效果较为理想。

2. 方差分析

直观分析中没有考虑误差对试验结果的影响，采用方差分析可消除这方面的影响。本试验为四因素三水平的正交试验，在正交表上安排了四个因素，无空白列。在填埋模拟装置中，渗滤液及垃圾的状态随时间而发生变化，时间过长会导致试验误差的增大，因此未做重复试验。根据文献可知，对既无空白列，又无重复试验的正交试验，可以选用平均离差平方和MS最小的一项作为误差项。

（1）COD

由公式计算出因素D（pH）的平均离差平方和最小，为1.145，将误差定为1.15，以COD去除率为指标的方差分析结果见表6-13。由方差分析结果看，在产甲烷阶段，影响COD去除率因素的主次顺序为C→A→B→D，这与直观分析的结果相同。为确定各因素对COD去除率的影响程度，对该试验结果进行了F检验。由F值与F临界值的比较来看，因素A（回灌频率）和C（回灌速率）所对应的F值介于$F_{0.05}$（2，2）与$F_{0.01}$（2，2）之间，表明因素A和C条件的改变对试验结果的影响显著，因素B（回灌比例）所对应的F值介于$F_{0.1}$（2，2）和$F_{0.05}$（2，2）之间，说明因素B（回灌比例）条件的改变对试验结果有一定的影响，但不显著。

表6-13　方差分析表（COD）

方差来源	平均离差平方和MS	自由度f	F值	F临界值	显著性
A（回灌频率）	74.636	2	65.184	$F_{0.01}$（2，2）=99.0 $F_{0.05}$（2，2）=19.0 $F_{0.1}$（2，2）=9.0	**
B（回灌比例）	17.753	2	15.505		*
C（回灌速率）	94.482	2	82.517		**
D（pH）	1.145	2	1.000		
误差	1.15	2			

（2）NH₃-N

由公式计算出因素C（回灌速率）的平均离差平方和最小，为0.278，试验将误差定为0.28，以氨氮去除率为指标的方差分析结果见表6-14。由方差分析的结果看，影响NH₃-N去除率因素的主次顺序为A→B→D→C，这与直观分析的结果相同。为确定各因素对NH₃-N去除率的影响程度，对试验结果进行了F检验。由F值与F临界值的比较来看，因素A所对应的F值大于$F_{0.01}$（2，2），表明因素A的改变对试验结果影响高度显著，因素B（回灌比例）所对应的F值介于$F_{0.05}$（2，2）和$F_{0.01}$（2，2）之间，说明因素B（回灌比例）的改变对试验结果影响显著，因素D（pH）所对应的F值介于$F_{0.1}$（2，2）和$F_{0.05}$（2，2）之间，说明因素D的改变对试验结果有一定影响，但不显著。

表6-14　方差分析表（氨氮）

方差来源	平均离差平方和MS	自由度f	F比	F临界值	显著性
A（回灌频率）	58.705	2	211.169	$F_{0.01}$（2，2）=99.0 $F_{0.05}$（2，2）=19.0 $F_{0.1}$（2，2）=9.0	***
B（回灌比例）	8.564	2	30.806		**
C（回灌速率）	0.278	2	1.000		
D（pH）	3.910	2	14.065		*
误差	0.28	2			

综合两个指标的直观分析和方差分析结果，在产酸阶段，厌氧-准好氧生物反应器填埋场的运行条件宜设定为：回灌频率3 d/次，回灌比例75%，渗滤液pH值调至8.0，不对渗滤液进行不曝气；在产甲烷期，运行条件宜设定为：回灌频率1 d/次，回灌比例50%，回灌速率15 mL/min，不调节渗滤液pH。

参考文献

[1] 刘瑞江,张业旺,闻崇炜,等. 正交试验设计和分析方法研究[J]. 2010, 27(9): 4.

[2] 赵震. 基于正交试验法的对旋轴流风机CFD数值模拟分析[D]. 秦皇岛: 燕山大学, 2014.

[3] 何丽君,陈建中,王洋,等. 基于正交试验法的筛网旋流器分级性能研究[J]. 2010, (3): 4.

PART SEVEN

厌氧-准好氧生物反应器填埋场稳定化评价

长期以来，人们对于客观事物的评价要么对，要么错，对于一个命题的判断要么真，要么假，界限分明。实际中，对于填埋场这一动态系统稳定化的评价来说，反映填埋场稳定化的指标较多，不同指标对填埋场稳定化阶段的分界很难做到完全一致，因此，选用模糊理论对填埋场稳定化进行评价更为科学、准确。

7.1 模型构建的理论基础

7.1.1 基于 GAHP 的重要评价指标筛选法

基于 GAHP 的重要指标筛选法筛选重要指标的思路为：利用群决策层次分析法，将所有评价指标进行分类，计算出每个指标的重要性，即权重，再根据指标排序筛选出重要性指标[1]。

假设影响一个问题的指标总共有 n 个，记为 B_1，B_2，$\cdots$，B_n，对应的重要性分别为 x_1，x_2，$\cdots$，x_n，其中，x_i 的大小与重要程度有关，x_i 越大说明指标越重要。根据相应的规则，保留重要指标，剔除不重要指标的过程就叫重要性指标筛选。具体步骤如下：

（1）根据层次分析法建立指标体系。

（2）确定每一个指标的重要性，即权重，再按大小进行排序。

（3）求最小的 m，使得，$\sum_{i=1}^{m} x_i > a$，a 为根据实际情况规定的常数，称为重要性常数。一般情况下，取 $a=0.7$[2]。

7.1.2 模糊综合评价法

模糊综合评价法（fuzzy comprehensive evaluation，简称FCE），是在模糊环境下，运用模糊理论，将影响某对象的多个因素进行综合考虑，进而做出综合决策的一种评价方法[3-5]。

在进行模糊综合评价时，需要经历五个步骤，分别为：（1）确定评价因素集合U；（2）确定评价标准集合V；（3）构建评价矩阵R；（4）计算综合评价集B；（5）归一化处理，得到评价结果。具体计算过程如下。

1. 确定评价因素集合 U

评价因素集合$U=\{u_1, u_2, \cdots, u_n\}$，为第$i$个影响评判对象的因素。一般情况下，每个影响因素相对于评判对象的权重值是不同的，分别赋予每个元素一个权重值，得到权重集A，$A=\{a_1, a_2, \cdots, a_n\}$，并且$\sum_{i=1}^{n} a_i = 1, a_i > 0$。

2. 确定评价标准集合 V

评价标准集合$V=\{v_1, v_2, \cdots, v_n\}$，为评价对象的类别。从每一个评价因素出发，确定评价对象对归属类别的隶属程度，该过程为单因素模糊评价。评价因素对应的所有类别上的隶属程度构成评价结果，$R_i = \{r_{i1}, r_{i2}, \cdots, r_{im}\}$。

3. 构建评价矩阵 R

评价矩阵$R = (R_1, R_2, \cdots R_n)^T$，$R$的具体形式如下：

$$R = \begin{bmatrix} r_{11} & r_{12} & \cdots & r_{1m} \\ r_{21} & r_{22} & \cdots & r_{2m} \\ \vdots & \vdots & \vdots & \vdots \\ r_{n1} & r_{n2} & \cdots & r_{nm} \end{bmatrix}$$

4. 计算综合评价集 B

模糊综合评价不仅要考虑每个因素的模糊评价结果，还要考虑每个因素的重要程度，最终结果用B表示，$B = A \cdot R$。

7 厌氧-准好氧生物反应器填埋场稳定化评价

$$B = A \cdot \boldsymbol{R} = (a_1, a_2, \cdots, a_n) \begin{bmatrix} r_{11} & r_{12} & \cdots & r_{1m} \\ r_{21} & r_{22} & \cdots & r_{2m} \\ \vdots & \vdots & \vdots & \vdots \\ r_{n1} & r_{n2} & \cdots & r_{nm} \end{bmatrix} = (b_1, b_2, \cdots, b_m)$$

式中，$b_j (j=1,2,\cdots,m)$ 为评价指标，它是既考虑了所有因素影响，又考虑了权重影响程度的评价对象对评价集中第 j 个元素的隶属程度。

5. 归一化处理

按下式将评价指标 $b_j (j=1,2,\cdots,m)$ 进行归一化处理。

$$b_j^{'} = \frac{b_j}{\sum_{i=1}^{m} b_j}$$

一般情况下，对综合结果的判定选用最大隶属度原则，即 $b_j^{'} (j=1,2,\cdots,m)$ 中的最大者所对应的评价类型为评价结果。

7.2 基于 GAHP 与重要指标筛选法的模糊综合评价模型

基于 GAHP 与重要指标筛选法的模糊综合评价模型评价对象的基本步骤是：首先，在群决策层次分析法的基础上，确定出评价指标体系中所有指标的组合权重；其次，运用重要指标筛选法筛选出能够反映评价结果的几个重要指标，并将权重进行归一化处理；最后，结合模糊综合评价法，对评价对象进行评价。群决策层次分析法、重要指标筛选法和模糊综合评价法相互补充，使得评价结果更加可信。基于 GAHP 与重要指标筛选法的模糊综合评价模型的构造如图 7-1 所示。

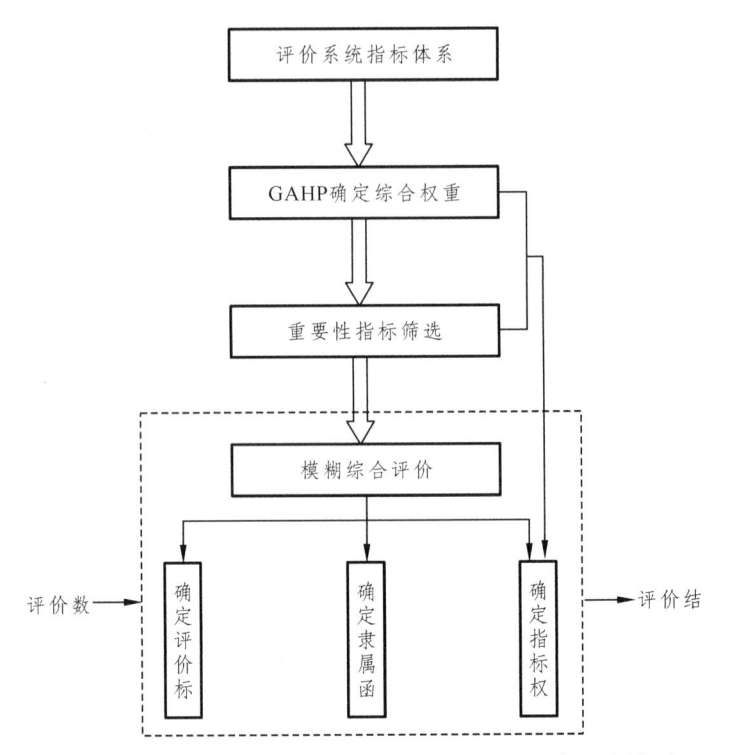

图7-1 基于GAHP与重要指标筛选法的模糊综合评价模型

7.3 厌氧-准好氧生物反应器填埋场稳定化评价

7.3.1 填埋场稳定化表征指标

7.3.1.1 建立评价指标体系

当填埋场内部有机污染物已经矿化，渗滤液不经处理即可达到排放标准，基本无填埋气产生，垃圾沉降基本停止时，填埋场达到稳定状态。目前，大部分有关填埋场稳定化的研究集中在填埋气组分和产量、渗滤液中污染物的浓度、沉降速率和固相指标的含量等方面，尚无一套标准的指标体系来判别填埋场的稳定化状态。经过总结国内外文献，将评价指标体系建立如图7-2所示。

7 厌氧-准好氧生物反应器填埋场稳定化评价

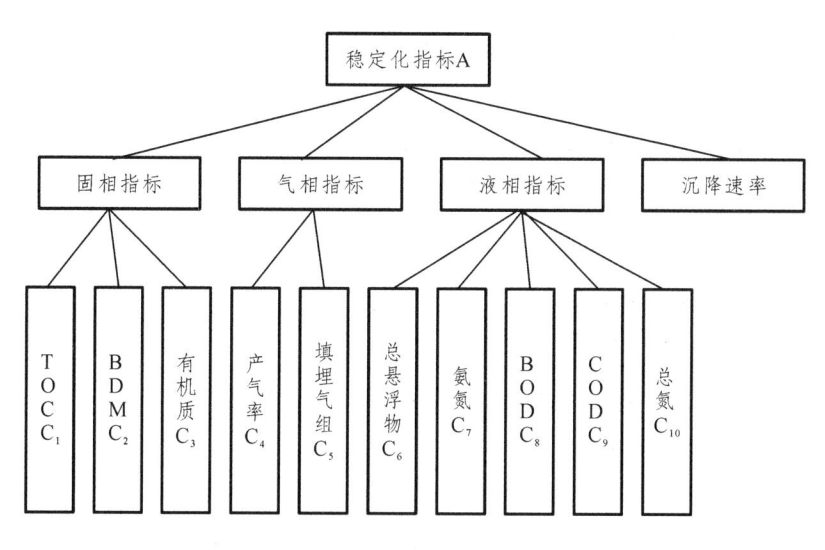

图7-2 填埋场稳定化评价指标体系

7.3.1.2 判断矩阵的构造及计算

根据3.1.2中介绍的1-9标度法,构造出元素在上层准则下的判断矩阵,元素相对重要性的判断是由5位专家做出的。

(1) 目标A对$B_1 \sim B_4$建立的判断矩阵A为

$$\begin{bmatrix} 1.0000 & 5.3345 & 2.0000 & 2.0000 \\ 0.1875 & 1.0000 & 0.3701 & 0.3268 \\ 0.5000 & 2.7019 & 1.0000 & 1.5337 \\ 0.5000 & 3.0601 & 0.6520 & 1.0000 \end{bmatrix}$$

按照幂法计算出矩阵的最大特征根和权重依次为

$\lambda_{max} = 4.0318$

$w = (0.4517, 0.0818, 0.2546, 0.2119)^T$

根据公式(3-2)和(3-3)计算得一致比例$C.R. = 0.0119$。

(2) 指标B_1对$C_1 \sim C_3$建立的比较判断矩阵B_1为

$$\begin{bmatrix} 1.0000 & 0.2879 & 0.2703 \\ 3.4740 & 1.0000 & 1.0000 \\ 3.6993 & 1.0000 & 1.0000 \end{bmatrix}$$

按照幂法计算出矩阵的最大特征根和权重依次为

$\lambda_{\max}$ =3.0004

w=（0.1224，0.4342，0.4434）^{T}

根据式（3-2）和式（3-3）计算得一致比例$C.R.$=0.0004。

（3）指标B_2对C_4~C_5建立的判断矩阵为B_2为

$$\begin{bmatrix} 1.0000 & 0.5842 \\ 1.7118 & 1.0000 \end{bmatrix}$$

按照幂法计算出矩阵的最大特征根和权重依次为

$\lambda_{\max}$ =2.0000

w=（0.3688，0.6312）^{T}

根据式（3-2）和式（3-3）计算得一致比例$C.R.$=0。

（4）指标B_3对C_6~C_{10}建立的判断矩阵B_3为

$$\begin{bmatrix} 1.0000 & 0.7071 & 0.4427 & 0.2956 & 0.6598 \\ 1.4142 & 1.0000 & 0.3967 & 0.2532 & 2.5508 \\ 2.2587 & 2.5210 & 1.0000 & 0.5086 & 2.6703 \\ 3.3835 & 3.9487 & 1.9663 & 1.0000 & 4.0118 \\ 1.5157 & 0.3920 & 0.3745 & 0.2493 & 1.0000 \end{bmatrix}$$

按照幂法计算出矩阵的最大特征根和权重依次为

$\lambda_{\max}$ =5.1626

w=（0.0953，0.1401，0.2491，0.4200，0.0954）^{T}

根据式（3-2）和式（3-3）计算得一致比例$C.R.$=0.0363。

7.3.1.3 判断矩阵的构造及计算

汇总7.3.1.2中单一准则下的权重值及排序，结果见表7-1。

表7-1　各评价指标权重及排序

层次	B_1 0.4517	B_2 0.0818	B_3 0.2546	B_4 0.2119	组合权重	排序
C_1	0.1224				0.0553	6
C_2	0.4342				0.1961	3
C_3	0.4434				0.2003	2
C_4		0.3688			0.0302	9
C_5		0.6312			0.0517	7
C_6			0.0953		0.0243	10
C_7			0.1401		0.0357	8
C_8			0.2491		0.0634	5
C_9			0.4200		0.1069	4
C_{10}			0.0954		0.0243	10
B_4				1	0.2119	1

因沉降速率B_4无下级指标，将沉降速率B_4的权重值与C层指标的权重值一起进行比较，分析各指标的重要程度。由表7-1可以看出，经过专家打分和层次化分析，所得到的指标按组合权重大小进行排序为B_4，C_3，C_2，C_9，C_8，C_1，C_5，C_7，C_4，C_{10}，C_6，所对应的组合权重值为0.2119，0.2003，0.1961，0.1069，0.0634，0.0553，0.0517，0.0357，0.0302，0.0243，0.0243。

取重要性常数$a = 0.7$，使得$\sum_{i=1}^{m} x_i > a$的最小m值为4，因此，按照重要程度大小，填埋场稳定化评价的重要性指标依次为：沉降速率、固相指标有机质、生物降解度BDM和液相指标COD，四个指标所占的组合权重之和达到0.7152。

将四个重要性指标的组合权重进行归一化处理，得到BDM、沉降速率、有机质和液相指标COD所对应的权重为0.2742、0.2963、0.2800和0.1495。

7.3.2 稳定化阶段及划分标准

目前，对于填埋场稳定化阶段的划分，还没有一套统一的标准。清华大学的刘娟将填埋场的稳定化阶段划分为不稳定、半稳定和稳定三个阶段[6]；西南交通大学的唐平对准好氧生物反应器填埋场进行了稳定化评价，将稳定化阶段划分为不稳定、基本稳定和完全稳定三个阶段[7]；李玲、王里奥以及李敏等人将填埋场的稳定化阶段划分为未稳定、基本稳定、比较稳定和稳定四个阶段[8-10]。本书将填埋场的稳定化阶段划分为未稳定、基本稳定、比较稳定和完全稳定四个阶段。

BDM，这一固相指标作为稳定化评价的标准出现在多篇文献中。然而，不同研究者给出的稳定化等级分级界限并不一致，部分研究者将0%和1%作为填埋场完全稳定的标准[8,9,11-14]，部分学者则提出4%和5%作为完全稳定的分级界限[15]，考虑到固相垃圾的取样很难做到完全均匀，本研究选用4%作为完全稳定的界限。《生活垃圾填埋场稳定化场地利用技术要求》（GB/T 20179—2011）中规定，当垃圾中的有机质在16%~20%时，可以低度利用；在9%~16%时，可以中度利用；在4%~9%时，可以高度利用。为减少环境污染的风险，本书采用4%、9%、16%和20%作为该指标稳定化分级的界限值。

有机质是填埋场中微生物发酵的底物，垃圾中有机质的含量变化可以反映出垃圾的降解速度和稳定化进程。有机质的含量越高，填埋场越不稳定，有机质的含量越低，填埋场越稳定。当垃圾中的有机质含量接近土壤中有机质的本底值时，我们可以认为填埋场已经达到稳定化。土壤中有机质的本底值一般在5%~10%，且当垃圾中有机质的含量低于10%时，垃圾呈浅褐色，臭味不明显，不再吸引蚊蝇。由室内试验结果可以得出，新鲜生活垃圾的有机质含量为26.97%，当垃圾中有机质的含量低于20%以后，垃圾中有机质的含量变化趋势较为缓慢。因此，将5%、10%、20%和25%作为该指标稳定化分级的界限值[10]。

在《生活垃圾填埋场污染控制标准》（GB 16889—1997）中，对渗滤液中COD规定的一级、二级和三级排放限值分别是100 mg/L、300 mg/L和1 000 mg/L。《生活垃圾填埋场污染控制标准》（GB 16889—2008）中的表2规定，当COD≤100 mg/L，渗滤液可直接排放。李玲等人提出未稳定与基本稳定两个阶段的划分标准为3 000 mg/L[10]。因此，将100 mg/L、300 mg/L、1 000 mg/L和3 000 mg/L作为四个阶段的划分界限。

沉降速率是表征填埋场稳定化标准的宏观指标，随着填埋场内污染物质不断被降解，沉降速率越来越小。部分学者将填埋场的沉降率选用年沉降高度作为参考[16]，部分学者以年沉降相对于填埋高度的百分比作为参考。考虑到不同填埋场填埋高度不同，带来的机械压缩程度不同，采用后者作为分级标准更为合理。王罗春、孔延花等均提出采用年沉降率为初始高度0.025%作为填埋场稳定化的标志[17, 18]。由图7-5可以看出，沉降速率在填埋3个月后呈指数趋势下降，当填埋超过6个月以后，沉降速率的下降程度变缓，当12个月后，垃圾的沉降速率变化幅度更为平缓。填埋3个月、6个月以及12个月所对应的年沉降速率规划求解拟合值大约为10%、4%和0.1%。因此，将0.025%、0.1%、4%和10%作为该指标四个阶段的划分界限。

表7-2 填埋场稳定化分级数据

项目	完全稳定	比较稳定	基本稳定	未稳定
BDM/%	4	9	16	20
有机质/%	5	10	20	25
COD/(mg·L^{-1})	100	300	1 000	3 000
沉降速率/(%/a)	0.025	0.1	4	10

7.4 稳定化评价模型的应用

根据4.3节中的结果与分析可以得知，在厌氧-准好氧生物反应器填埋场中，两个填埋单元中污染物质的降解速率有所区别，厌氧单元的稳定化进程较准好氧单元推后。因此，在对厌氧-准好氧生物反应器填埋场进行稳定化评价时，应根据厌氧单元中填埋垃圾的状态确定稳定化程度。

由第4章的监测数据得知，填埋480天时，在厌氧-准好氧生物反应器填埋场模拟装置的厌氧单元中，垃圾的BDM为10.36%，有机质含量为16.48，渗滤液的COD浓度为2 050 mg/L，年沉降速率为0.75%。

运用以上数据，对运行480天的厌氧-准好氧生物反应器填埋场模拟装置进行稳定化评价，具体步骤如下：

（1）建立各评价因子的隶属度函数。

隶属的程度用0~1的数值来表示，0表示完全不属于，1表示完全属于，中间的小数表示一定的隶属程度，本模型建立的隶属函数如下：

① BDM。

$$f_1(x) = \begin{cases} 1 & x \leqslant 4 \\ (9-x)/5 & 4 < x \leqslant 9 \\ 0 & x > 9 \end{cases}$$

$$f_2(x) = \begin{cases} 0 & x \leqslant 4, \ x \geqslant 16 \\ (x-4)/5 & 4 < x \leqslant 9 \\ (16-x)/7 & 9 < x < 16 \end{cases}$$

$$f_3(x) = \begin{cases} 0 & x \leqslant 9, \ x \geqslant 20 \\ (x-9)/7 & 9 < x \leqslant 16 \\ (20-x)/4 & 16 < x < 20 \end{cases}$$

$$f_4(x) = \begin{cases} 0 & x \leqslant 16 \\ (x-16)/4 & 16 < x \leqslant 20 \\ 1 & x > 20 \end{cases}$$

② 有机质。

$$f_1(x) = \begin{cases} 1 & x \leqslant 5 \\ (10-x)/5 & 5 < x \leqslant 10 \\ 0 & x > 10 \end{cases}$$

$$f_2(x) = \begin{cases} 0 & x \leq 5,\ x \geq 20 \\ (x-5)/5 & 5 < x \leq 10 \\ (20-x)/10 & 10 < x < 20 \end{cases}$$

$$f_3(x) = \begin{cases} 0 & x \leq 10,\ x \geq 25 \\ (x-10)/10 & 10 < x \leq 20 \\ (25-x)/5 & 20 < x < 25 \end{cases}$$

$$f_4(x) = \begin{cases} 0 & x \leq 20 \\ (x-20)/5 & 20 < x \leq 25 \\ 1 & x > 25 \end{cases}$$

③ COD。

$$f_1(x) = \begin{cases} 1 & x \leq 100 \\ (300-x)/200 & 100 < x \leq 300 \\ 0 & x > 300 \end{cases}$$

$$f_2(x) = \begin{cases} 0 & x \leq 100,\ x \geq 300 \\ (x-100)/200 & 100 < x \leq 300 \\ (1000-x)/700 & 300 < x < 1000 \end{cases}$$

$$f_3(x) = \begin{cases} 0 & x \leq 300,\ x \geq 3000 \\ (x-300)/700 & 300 < x \leq 1000 \\ (3000-x)/2000 & 1000 < x < 3000 \end{cases}$$

$$f_4(x) = \begin{cases} 0 & x \leq 1000 \\ (x-1000)/2000 & 1000 < x \leq 3000 \\ 1 & x > 3000 \end{cases}$$

④ 沉降速率。

$$f_1(x) = \begin{cases} 1 & x \leq 0.025 \\ (0.1-x)/0.075 & 0.025 < x \leq 0.1 \\ 0 & x > 0.1 \end{cases}$$

$$f_2(x) = \begin{cases} 0 & x \leqslant 0.025,\ x \geqslant 4 \\ (x-0.025)/0.075 & 0.025 < x \leqslant 0.1 \\ (4-x)/3.9 & 0.1 < x < 4 \end{cases}$$

$$f_3(x) = \begin{cases} 0 & x \leqslant 0.1,\ x \geqslant 10 \\ (x-0.1)/3.9 & 0.1 < x \leqslant 4 \\ (10-x)/6 & 4 < x < 10 \end{cases}$$

$$f_4(x) = \begin{cases} 0 & x \leqslant 4 \\ (x-4)/6 & 4 < x \leqslant 10 \\ 1 & x > 10 \end{cases}$$

（2）求评价矩阵 R。

根据隶属度函数，将BDM、有机质以及渗滤液的COD浓度和沉降速率值代入隶属度函数，计算隶属度，结果见表7-3。

表7-3 各评价因子的隶属度

项目	$f_1(x)$	$f_2(x)$	$f_3(x)$	$f_4(x)$
BDM	0	0.8057	0.1943	0
有机质	0	0.352	0.648	0
COD	0	0	0.475	0.525
沉降速率	0	0.8333	0.1667	0

由表7-3可知，评价矩阵 R 为

$$R = \begin{bmatrix} 0 & 0.8057 & 0.1943 & 0 \\ 0 & 0.352 & 0.648 & 0 \\ 0 & 0 & 0.475 & 0.525 \\ 0 & 0.8333 & 0.1667 & 0 \end{bmatrix}$$

（3）综合评价结果。

根据7.3.1.3节可知，BDM、沉降速率、有机质以及液相指标COD所对应的权重为0.2742、0.2963、0.2800及0.1495。权重分别用 a_1、a_2、a_3 和 a_4 表

示，则权重集 A：

$$A=(0.2742, 0.2963, 0.2800, 0.1495)$$

将 R 和 A 进行模糊复合运算，得出综合评价结果：

$$A \cdot R=(0, 0.4498, 0.4032, 0.1470)$$

根据最大隶属度原则，经过480天的运行，厌氧-准好氧生物反应器填埋场所属的稳定化阶段为比较稳定。

7.5 厌氧-准好氧生物反应器填埋场稳定化周期

7.5.1 稳定化表征指标预测模型

1. BDM

填埋垃圾湿基的BDM变化趋势及拟合效果如图7-3所示。

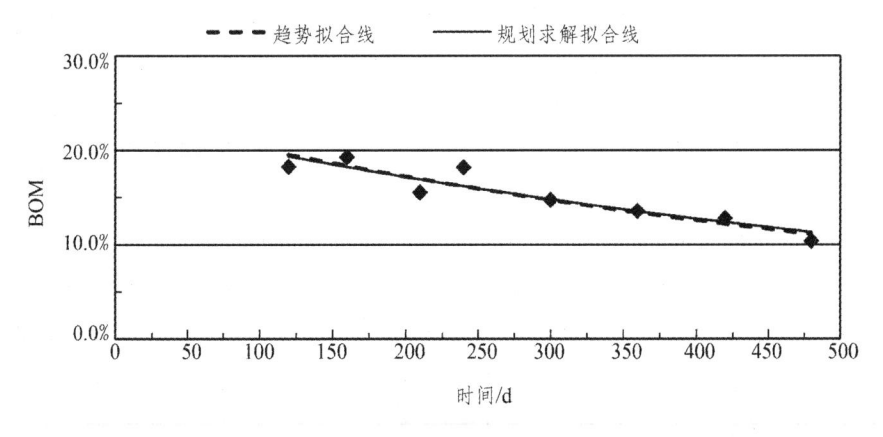

图7-3 厌氧单元BDM变化规律

由图7-3可以看出，在填埋100天以后，BDM值随时间呈指数下降趋势。在填埋初期，填埋场内氧气的含量较高，垃圾的降解主要为好氧分解，随着氧气含量的降低，在大概100天左右时，填埋场的厌氧单元进入完全厌氧状态。垃圾降解过程是物理、化学以及生物作用的综合结果，以生物作用为主，在填埋场进入厌氧状态后，污染物质的降解规律符合一级反应方程。

BDM值随时间呈指数规律下降，采用EXCEL 2010软件进行拟合，拟合公式为$y_{BDM} = 0.235e^{-0.002x}$，（$x > 100$，天），继续运用软件EXCEL2010对结果进行规划求解，以拟合公式中的参数为初始值，优化曲线方程的参数，最终得到优化后的拟合曲线方程为

$$y_{BDM} = 0.2307e^{-0.00148x}, \quad (x > 100，天) \tag{7-1}$$

厌氧-准好氧生物反应器填埋场厌氧单元BDM的预测值与实测值比较及误差分析见表7-4。由表7-4可以看出，BDM的预测值的误差范围在0.54%~11.02%，预测值和实测值接近程度高，BDM的预测模型是可靠的。

表7-4　BDM的预测值与实测值比较及误差分析

指标	时间/d							
	120	160	210	240	300	360	420	480
预测值/%	19.30	18.19	16.89	16.15	14.77	13.51	12.36	11.30
实测值/%	18.22	19.23	15.48	18.15	14.69	13.53	12.77	10.36
误差/%	5.93	5.41	9.11	11.02	0.54	2.00	3.21	9.07

2. 有机质

填埋垃圾中有机质含量的变化趋势及拟合效果如图7-4所示。由图7-4可以看出，在填埋100天以后，有机质含量随时间呈指数下降趋势。在填埋初期，填埋场中氧气的含量较高，垃圾中的易溶的小分子有机质溶于渗滤液中，在好氧微生物的作用下被分解，随着氧气的不断消耗，在大概100天左右，填埋场的厌氧单元进入完全厌氧状态。垃圾降解过程是物理、化学以及生物作用的综合结果，以生物作用为主，因此，在填埋场进入厌氧状态后，污染物质的降解规律符合一级反应方程。有机质含量随时间呈指数规律下降，采用EXCEL2010软件进行拟合，拟合公式为，$y_{VS} = 0.266e^{-0.001x}$（$x > 100$，天），继续运用软件EXCEL2010对结果进行规划求解，以拟合公式中的参数为初始值，优化曲线方程的参数，最终得到优化后的拟合曲线方程为

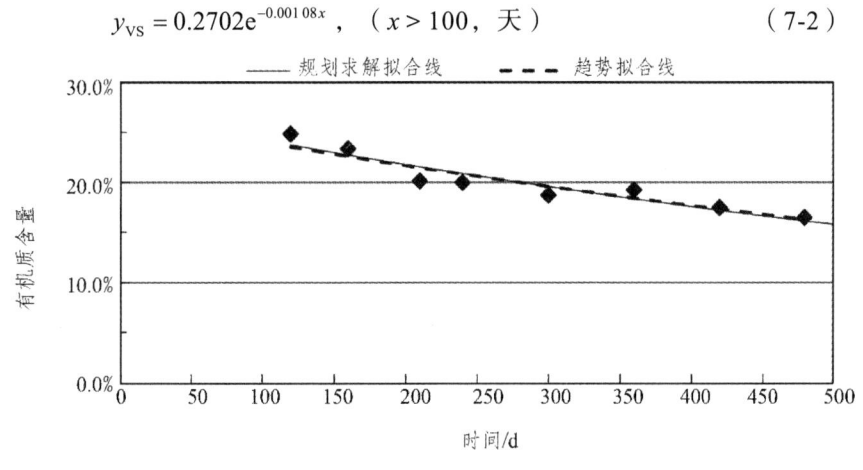

$$y_{\text{VS}} = 0.2702\text{e}^{-0.00108x}, \quad (x > 100, \text{天}) \qquad (7\text{-}2)$$

图7-4 厌氧单元有机质含量变化规律

厌氧-准好氧生物反应器填埋场厌氧单元有机质的预测值与实测值比较及误差分析见表7-5。由表7-5可以看出，有机质的预测值的误差范围在1.66%~7.17%，预测值和实测值接近程度高，有机质的预测模型是可靠的。

表7-5 有机质的预测值与实测值比较及误差分析

指标	时间/d							
	120	160	210	240	300	360	420	480
预测值/%	23.73	22.73	21.53	20.85	19.54	18.31	17.16	16.09
实测值/%	24.81	23.33	20.09	19.94	18.69	19.20	17.45	16.46
误差/%	4.35	2.57	7.17	4.56	4.55	4.64	1.66	2.25

3. COD

由图7-5可以看出，在填埋100天以后，厌氧单元渗滤液中COD值随时间呈指数下降的趋势。在填埋初期，垃圾中易溶的有机物含量较高，垃圾中有机物的析出速率远远大于降解速率，因此，在这一阶段渗滤液中COD的变化主要受物理作用的影响比较大。在大概100天左右，填埋场的厌氧单元进入完全厌氧状态，垃圾降解过程以生物作用为主，污染物质的降解规律符合一级反应方程。在350天之后，COD的实测数据变化较为缓慢，对渗滤液COD进行分段拟合。采用EXCEL2010软件进行拟合，在第100~350天，拟合公式为 $y_{COD} = 96736e^{-0.05x}$，（$100 < x \leqslant 350$，天），在第350天之后，拟合公式为 $y_{COD} = 885015e^{-0.012x}$（$x > 350$，天），继续运用软件EXCEL2010对结果进行规划求解，以拟合公式中的参数为初始值，优化曲线方程的参数，最终得到优化后的拟合曲线方程为

$$y_{COD} = 89510.64e^{-0.00432x}，（100 < x \leqslant 350，天） \quad (7-3)$$

$$y_{COD} = 120812.36e^{-0.01297x}，（x > 350，天） \quad (7-4)$$

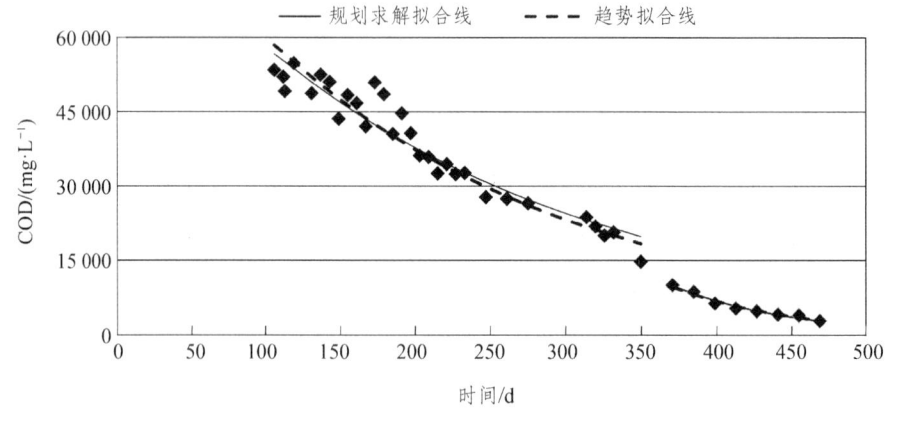

图7-5 厌氧单元渗滤液COD变化规律

厌氧-准好氧生物反应器填埋场厌氧单元渗滤液COD的预测值的误差范围在1.04%~9.2%，节选部分COD预测值与实测值，其结果见表7-6。预测值和实测值接近程度高，COD的预测模型是可靠的。

表7-6 部分COD的预测值与实测值比较及误差分析

指标	时间/d							
	112	155	286	332	399	413	427	469
预测值/%	55 268	45 795	25 825	21 119	6 846	5 710	4 762	2 762
实测值/%	52 030	48 258	25 025	20 559	6 269	5 280	4 713	2 879
误差/%	6.22	5.1	3.2	2.72	9.2	8.14	1.04	4.06

4. 沉降速率

在第4章，研究了各个填埋单元中累积沉降率随时间的变化关系，将厌氧-准好氧生物反应器填埋场模拟装置厌氧单元中每个月的沉降速率为纵坐标，填埋时间为横坐标，绘制沉降速率随时间的变化规律，如图7-6所示。

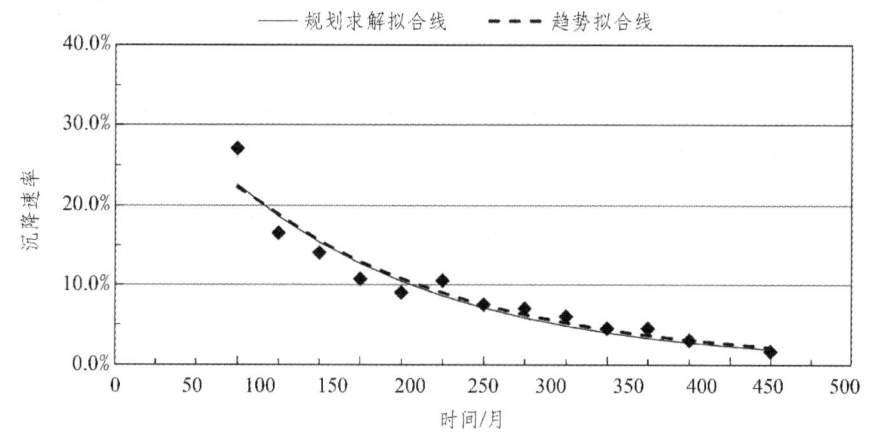

图7-6 厌氧单元垃圾沉降速率变化规律

由图7-6可以看出，厌氧单元中垃圾的沉降速率随时间呈下降趋势。在填埋初期，填埋场中垃圾的沉降速率较大，前3个月的年沉降速率超过20%以上，这个阶段的沉降机理主要是压缩沉降，即在重力作用下，填埋体系中的孔隙被挤压变小；在压缩沉降阶段结束后，即大概3个月后，填埋体的沉降主要由生物降解引起，垃圾中的有机污染物质的降解规律符合一级反应方程，其沉降速率随时间变化也呈指数下降。采用EXCEL2010软件进行拟合，拟合公式为 $y_{沉降速率} = 0.3626e^{-0.177x}$，（$x>3$，月），继续运用软件EXCEL2010对结果进行规划求解，以拟合公式中的参数为初始值，优化曲线方程的参数，最终得到优化后的拟合曲线方程为

$$y_{沉降速率} = 0.4029e^{-0.1933x}, \quad (x>3, 月) \tag{7-5}$$

厌氧-准好氧生物反应器填埋场厌氧单元沉降速率预测值与实测值比较及误差分析见表7-7。由表7-7可以看出，有机质的预测值的误差范围在9.29%~17.76%，预测值和实测值接近程度高，沉降速率预测模型可靠。

表7-7　沉降速率预测值与实测值比较及误差分析

指标	时间/月							
	4	5	6	8	10	12	14	16
预测值/%	18.6	15.3	12.6	8.6	5.8	4	2.7	1.8
实测值/%	16.5	14	10.7	10.2	7	4.5	3	1.6
误差/%	12.73	9.29	17.76	15.69	17.14	11.11	10	12.5

7.5.2 稳定化周期估算

在第7.5.1节中，建立了BDM、有机质、COD和沉降速率四个指标的预测模型；在第7.4节，介绍了稳定化评价模型的应用。结合两种模型，能够估算出厌氧-准好氧生物反应器填埋场的稳定化周期为2.5~2.75年。BDM、有机质、COD以及沉降速率四个评价指标在第2~3年的预测值及稳定化评价结果见表7-8。

表7-8　评价指标预测值及评价结果

时间/年	指标				评价结果
	BDM/%	有机质/%	COD/mg·L^{-1}	沉降速率/%	
2.00	7.79	12.28	138.85	0.389	比较稳定
2.25	6.81	11.13	<100	0.217 8	比较稳定
2.50	5.95	10.08	<100	0.121 9	比较稳定
2.75	5.19	9.13	<100	0.068 3	完全稳定
3.00	4.53	8.28	<100	0.038 2	完全稳定

参考文献

[1] 王海林，刘国军，马丽，等. 大汶河流域复合水系统评价指标体系的构建[J]. 节水灌溉，2010（7）：53-56.

[2] 韦云，唐国强，徐俊杰. 指标体系的构建模型[J]. 统计与决策，2013（4）：8-11.

[3] 张岩祥，肖长来，刘泓志，等. 模糊综合评价法和层次分析法在白城市水质评价中的应用[J]. 节水灌溉，2015（3）：31-34.

[4] 严伟. 基于AHP-模糊综合评价法的旅游产业融合度实证研究[J]. 生态经济，2014（11）：97-102.

[5] 张丽娜. AHP-模糊综合评价法在生态工业园区评价中的应用[D]. 大连：大连理工大学，2006.

[6] 刘娟. 垃圾填埋场稳定化进程核心表征指标研究[D]. 北京：清华大学，2011.

[7] 唐平. 模拟准好氧填埋场的稳定化进程研究[D]. 成都：西南交通大学，2005.

[8] 王里奥，林建伟，刘元元. 三峡库区垃圾堆放场稳定化周期的研究[J]. 环境科学学报，2003（4）：535-539.

[9] 李敏. 城市垃圾填埋场稳定化研究[D]. 武汉：华中科技大学，2006.

[10] 李玲，喻晓，王颋军，等. 武汉市某简易垃圾填埋场稳定化评价研究[J]. 环境工程，2015（11）：129-132.

[11] 王里奥，袁辉，崔志强，等. 三峡库区垃圾堆放场稳定化指标体系[J]. 重庆大学学报（自然科学版），2003（04）：125-129.

[12] 吴军. 生活垃圾填埋场腐殖垃圾腐殖质表征及重金属生物有效性初步研究[D]. 上海：同济大学，2005.

[13] 李毅，石洪影，姜红，等. 哈尔滨市生活垃圾堆场稳定性研究[J]. 环境卫生工程，2011（1）：22-24.

[14] 石洪影，谢冰，魏铮，等. 哈尔滨市大型生活垃圾堆场稳定化研究[J]. 哈尔滨商业大学学报（自然科学版），2008（3）：328-330.

[15] 刘春尧. 准好氧填埋场稳定化进程的室内模拟研究[D]. 成都：西南交通大学，2004.

[16] 李华，赵由才. 填埋场稳定化垃圾的开采、利用及填埋场土地利用分析[J]. 环境卫生工程，2000（2）：56-57+61.

[17] 王罗春，赵由才，陆雍森. 垃圾填埋场稳定化评价[J]. 环境卫生工程，2001（4）：157-159.

[18] 孔延花. 填埋作业对模拟准好氧填埋场稳定化进程的影响研究[D]. 成都：西南交通大学，2008.